子どもが驚く
すごい科学工作88

おもしろ科学研究所〔編〕

青春新書
PLAYBOOKS

はじめに

ここに1つの空き箱があります。もし、一切手を触れずにこの箱を空中に浮かすことができるとしたら…

ここに1本のペットボトルがあります。もし、誰かが後ろから押しているわけでもないのに、坂道を重力に逆らって上るとしたら…

子どもはもちろん、きっと大の大人ですら「え！ どうなってるの？」なんて驚きが自然と口から出てしまうはず。

実は、これらのマジックのような不思議な現象には、“タネ”も“仕掛け”も存在します。でも、普通の手品とはひと味違う。施すのは、「科学」の仕掛け、です。

普段あまり気にすることはありませんが、私たちの身の回りは、磁力や重力、空気抵抗、熱、冷気、電力、光など、「目に見えない自然の力」でいっぱい。この本で紹介するのは、そんな自然の力を賢く拝借することで、不思議で奇妙な“魔法”を再現する工作・実験アイデアの数々です。

「相対性理論」を打ち立てた、かの天才物理学者・アインシュタインも、科学への目覚めは5歳の時に父親からもらった方位磁石でした。このページより後には、アッと驚く88のアイデアが控えています。きっと、未来を左右するような“方位磁石”も見つかるはず。

子どもに披露するもよし。一緒に楽しむもよし。さあ、不思議でいっぱいの科学の世界へ踏み出しましょう。

2015年8月

おもしろ科学研究所

目次

第2章 「空気」にこんなパワーがあったなんて！

第3章 拡大に映写…「視覚」で楽しむ不思議な装置

第4章 「磁石」と「おもり」は自然界の2大エンジン！

第5章 熱・風・冷気…「自然」のエネルギーを活かしきる

第6章

幻想的で美しい「光」と「電気」のイリュージョン

第7章 変幻自在な「水」の科学ショー

第8章

身近なもので世にも奇妙な「音」が鳴る

本文イラスト／角 愼作
本文デザイン／オレンジバード
編集協力／新井イッセー事務所

第1章

「不思議！」がいっぱい科学の仕掛け

01

画用紙を丸めただけで封筒の中がまる見えに!?

〝透視〟望遠鏡

タネもしかけもないのに、封筒の中の文字が透視できます。友だちに文字を書いてもらって、ビックリさせましょう！

材料

黒や紺など色の濃い画用紙

白い紙

白い封筒

茶封筒（白い封筒の中に入る大きさ）

道具

セロハンテープ

太いマジックペン

つくりかた

1 色画用紙を15㎝くらいの幅に切り、直径が３～４㎝になるように丸めてセロハンテープで留めます。

2 太いマジックで白い紙に文字を書き、茶封筒の中に折らずに入れます。それをさらに白い封筒の中に入れます。

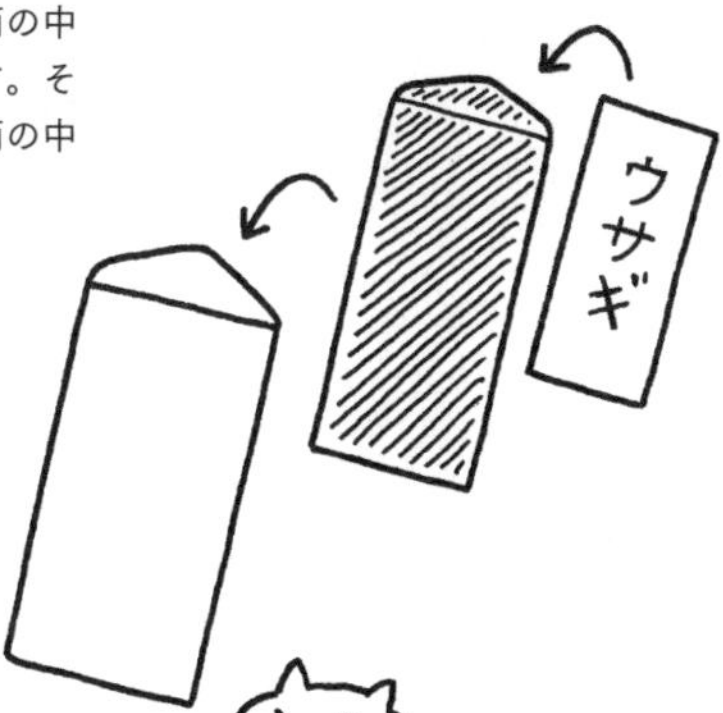

3 封筒越しに光が当たるようにして筒でのぞくと、中の文字が透けて見えるのです。

なんでそうなるの？

濃い色で光をカットすれば中が透けて見える！

光は白い色に反射する性質があり、白い封筒を光に透かしてもまわりからの光に邪魔をされて封筒の中は見えません。そこで、濃い色の筒でまわりの光を遮断して、封筒の中を通ってきた光だけを見ることで中が透けて見えるのです。

02

スパイの潜望鏡

〝光の屈折〟で見えない景色を映し出す

潜水艦でも使われている潜望鏡は、自分の身をひそめたままで周囲をうかがうことができる便利なアイテム。これさえあれば、今までとは違う景色を見ることができます！

材料

1ℓサイズの牛乳パック…2本分

牛乳パックに入る大きさの鏡…2枚

道具

はさみ

セロハンテープ

つくりかた

1 1本の牛乳パックは注ぎ口をすべて切り取り、もう1本は注ぎ口を半分だけ切り取って2辺に切り込みを入れます。

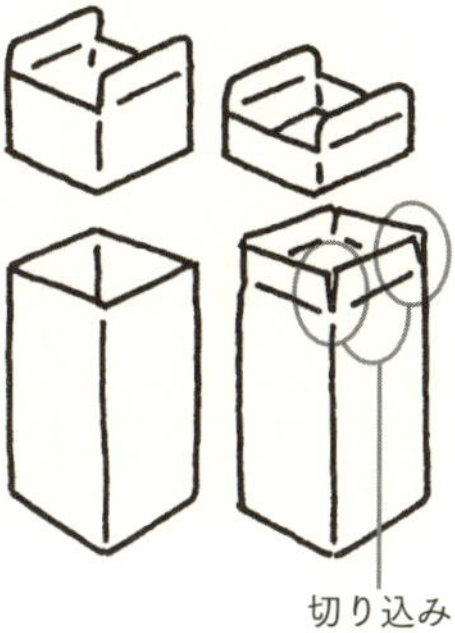

2 底に近い側面に7㎝×7㎝くらいの窓を開けます。

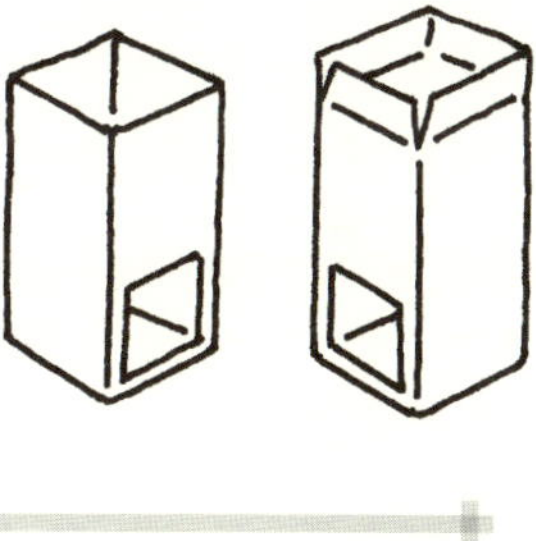

3 窓から鏡を入れて、真上が見える角度に鏡をセロハンテープで固定します。

4 2本の牛乳パックの注ぎ口側を差し込みます。

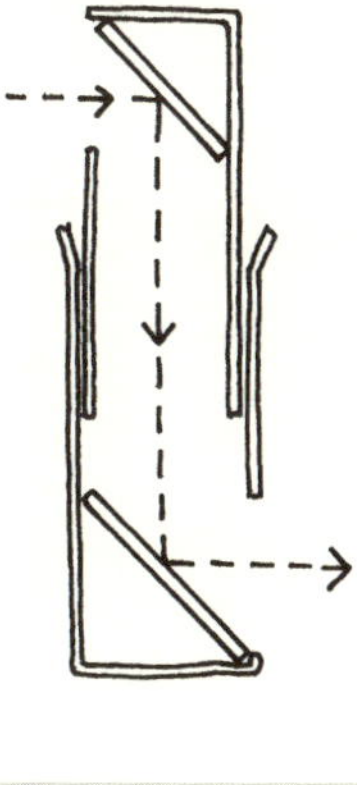

なんでそうなるの？

2枚の鏡で二度映すのがポイント

潜望鏡は鏡の反射を利用した望遠鏡の一種。上の鏡に映ったものが、下の鏡に映るしくみなので、自分の目線よりも高い位置にある風景を見渡すことができます。しかも、対象物が、鏡に二度映るので像が反転しないのです。

03

空中に〝浮かんで〟走る！

100分の1リニアモーターカー

リニアモーターカーを動かす力になっているのは、磁石の吸引力と反発力。磁石をたくさん使って、線路の上を浮かんだまま走るリニアシステムを再現します。

材料

厚紙（幅13×長さ60㎝）
磁石（フェライト磁石）…20個くらい
お菓子の空き箱
粘土

道具

セロハンテープ
接着剤
カッターナイフ
定規
はさみ

つくりかた

1 お菓子の箱を下から5㎝くらいの位置でカットして、車両を作ります。

2 厚紙に図のようにカッターナイフで軽く切れ目を入れ、両サイドを90度に折り曲げて線路を作ります。

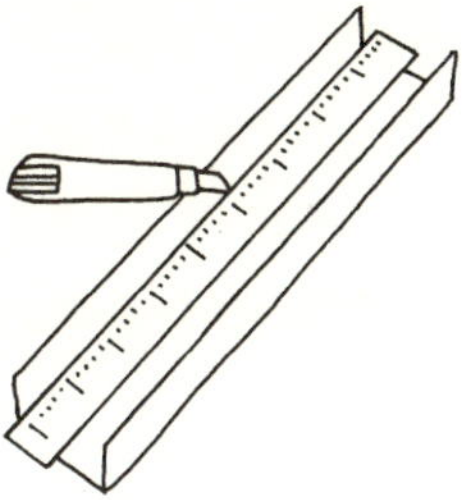

3 線路の裏側に、同じ極が表になるように磁石を並べて接着剤で貼りつけます。

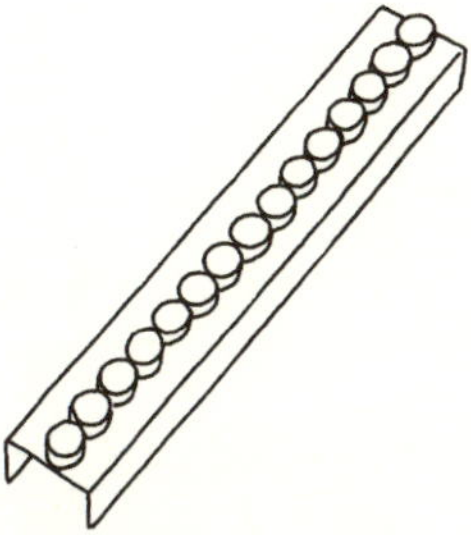

4 車両の内側の底にも、線路の磁石と反発するほうの極を裏にして磁石を貼りつけ、車両の前面におもりになるように粘土を詰めれば完成。傾斜させた線路を走らせましょう。

なんでそうなるの？

磁石が反発する力で車体を浮かべる

超特急リニアモーターカーは、超強力な磁石で車体を浮かせて高速走行します。同じ極を合わせると反発し合うという磁石の性質を利用しているのです。また、本物のリニアモーターカーは、磁石同士の吸引力と反発力を交互に使って車体を前進させています。

04

重力に逆らった奇妙な動き!?

坂道をのぼる物体X

坂道にモノを置けば、高いほうから低いほうへと転がり落ちるのがふつうです。ところが、この物体はなぜか高いほうへとのぼっていきます。その秘密は物体の重心に！

材料

円筒型のペットボトル（500㎖）…2本

道具

カッターナイフ

ビニールテープ

本、または箱（厚さ2㎝程度のもの）

さいばし（30㎝程度でなめらかなもの）

つくりかた

1 ペットボトルの先端に近い部分をカッターナイフで切り取ります。切る部分にあらかじめマジックで線を引いておくと、曲がらずに切れます。

2 ペットボトル（2つ）の切り取った部分同士（飲み口でないほう）を合わせます。合わせた部分にビニールテープを巻きつけ、しっかりつなぎましょう。

3 さいばしの先端を合わせ、ビニールテープでテーブルに固定します。もう一方の持ち手のほうはハの字になるように少し幅を開いて、ビニールテープで本に固定します。

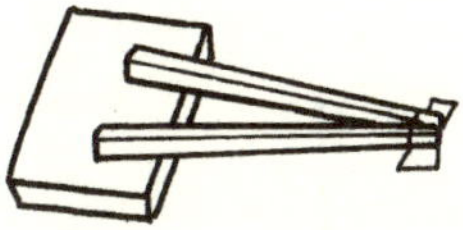

4 ②で完成した物体を斜めになったさいばしの中間あたりに置いてみると、転がり落ちずにのぼっていきます。のぼらない時は、さいばしの幅を変えてみたり、物体を置く位置をずらしてみたりして再挑戦しましょう。

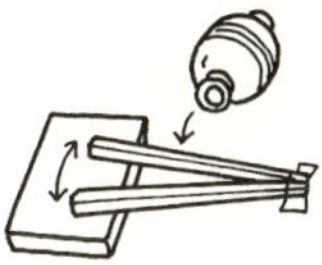

なんでそうなるの？

重心が高→低へ移動！

物体全体を見ていると、まるで坂道をのぼっているように見えますが、この物体の重心の位置に注目してみましょう。のぼり終わった時の重心は、のぼる前より低くなっているはずです。ちゃんと高いほうから低いほうへと移動しているのです。

05

空気を送るだけで重たいものもラクラク持ち上げる！

〝空力〟リフト装置

重ねた箱と箱の間にゴミ袋を入れておき、ポンプでゴミ袋に空気を送り込むと、内側の箱が持ち上がる装置です。何冊も重ねた重い本や新聞紙の束でもラクラク持ち上がります。

材料

段ボール箱（タテ20㎝×ヨコ30㎝×
　深さ30㎝くらいのもの）…2個
45ℓサイズのゴミ袋…1枚
曲がるストロー

道具

ガムテープ、セロハンテープ
足ぶみポンプ

つくりかた

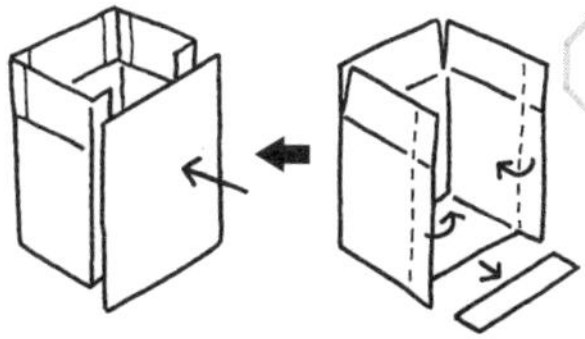

1 段ボール箱1個を図のようにカットし、ガムテープでしっかりと組み立て直して内箱を作ります。

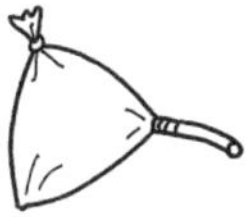

2 ゴミ袋の底に小さな穴を開け、ストローを入れて空気が漏れないようにセロハンテープでしっかり留めます。ゴミ袋の口は縛っておきます。

3 外箱にする段ボール箱は、フタを立ててガムテープで固定して深さを出します。

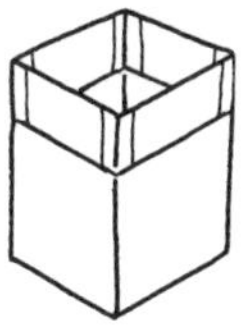

4 外側の段ボール箱の下のほうに直径1㎝くらいの穴を開け、②のゴミ袋を入れて穴からストローを出します。

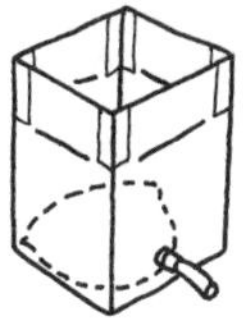

5 ストローとポンプをガムテープでつなげ、内箱を重ねます。

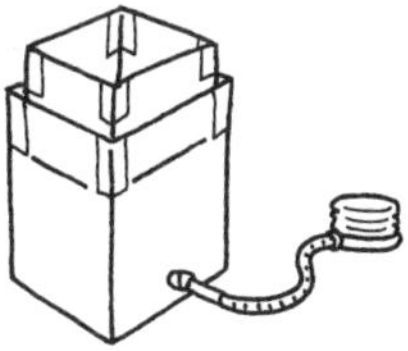

なんでそうなるの?

空気の圧力で重いものも持ち上げられる

口を閉じたゴミ袋にポンプで空気を入れると、空気の圧力で内箱を持ち上げます。ふつう、閉じられた袋に空気を入れ続けると、パンパンにふくらんで破裂してしまいますが、この装置の場合は、箱に囲まれた容積以上にはふくらまないので、破裂することはありません。

06

小窓からのぞけばそこは〝七色の世界〟

虹を閉じ込めた箱

空にかかるきれいな虹を箱の中に閉じ込めました！　窓からのぞけば虹色の世界が広がります。

材料

CD(使わないもの)
空き箱
LEDライト

道具

はさみ、カッターナイフ
セロハンテープ

つくりかた

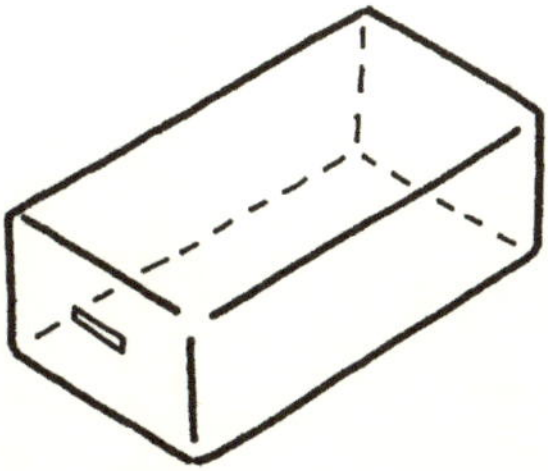

1 空き箱の側面に1カ所、長さ1㎝程度の切れ込みをカッターナイフで入れます。

2 箱の中にCDを斜めに入れ、セロハンテープで固定します。裏面を上にしてください。

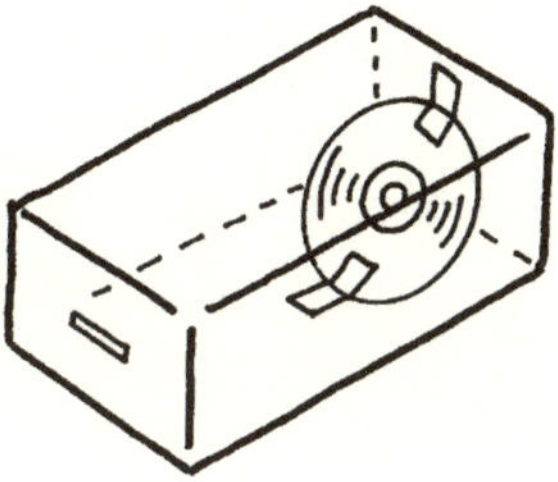

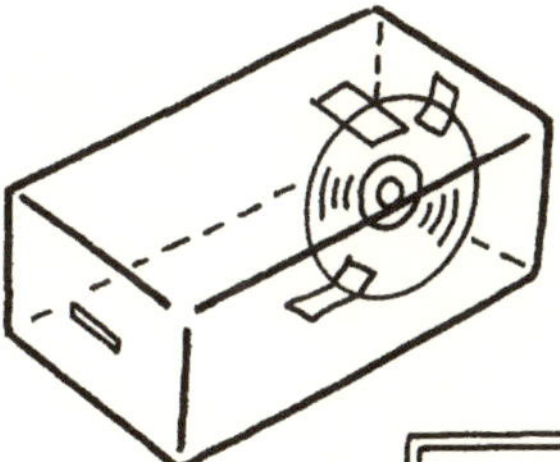

3 切れ込みから入る光がCDに反射して映るあたりに、のぞき窓を開けます。窓から中をのぞくと、光の色が分かれて見えるはずです。

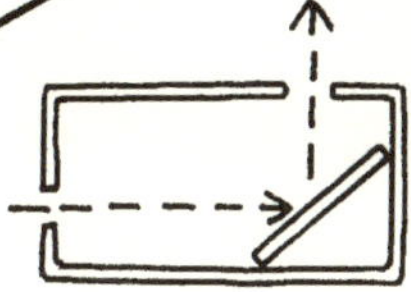

なんでそうなるの？

CDの溝に反射させると光が色別に分けられる！

光は色によって屈折の角度が違います。細い隙間から光を取り入れて、CDの裏面の無数の溝に反射させることでその性質を見えやすくし、光を色別に分けて見せることができるのです。

07

食いついたら離れない!?

ドッキリ食いつきヘビ

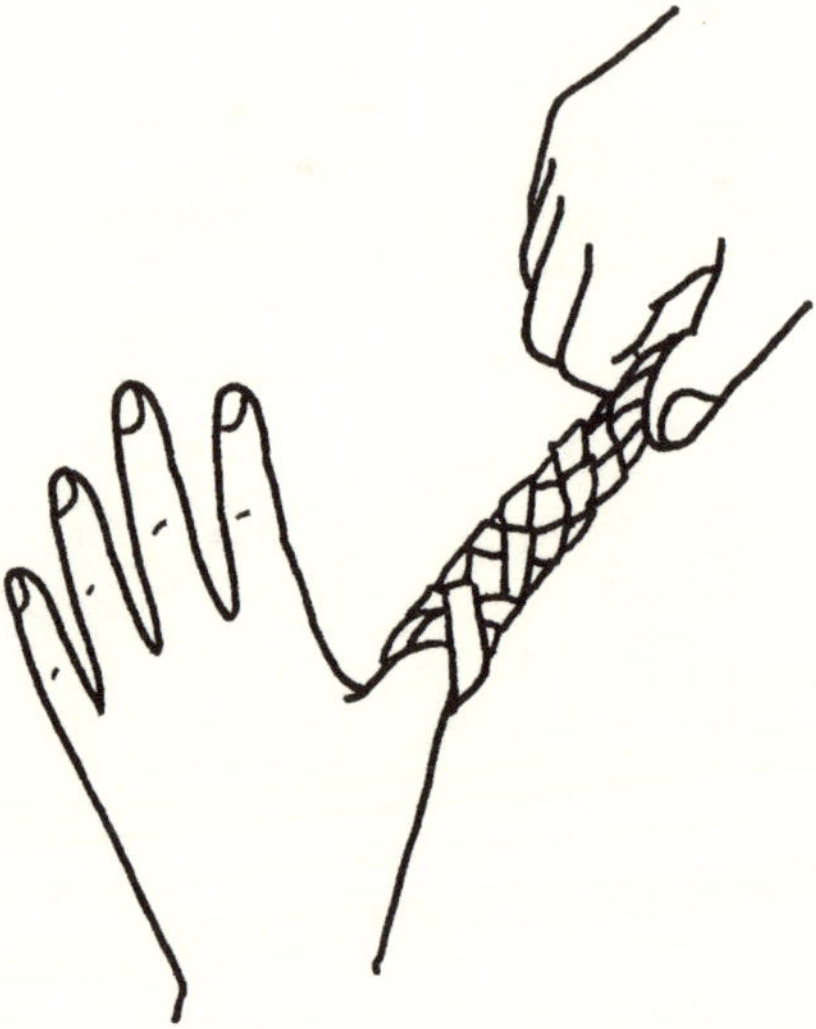

細く切った紙を互い違いに編んで作ったヘビのようなおもちゃ。ヘビの口の部分に指を入れて尻尾を引っ張ると、ヘビが指に食いついて引き抜こうとしても抜けません！

材料

画用紙、もしくはチラシ

道具

はさみ

マジックペン

セロハンテープ

つくりかた

1 画用紙を幅1㎝弱くらいに細長く切り、同じものを4本作ります。すべて違う色の紙を使うと、編む時にわかりやすくなります。1本を中心で図のように折り、もう1本を折り目で挟み込みます。

2 挟み込んだ紙の右側を手前に折り、さらに左側も後ろに折って、互い違いになるようにします。同じものを、もう1つ作ります。

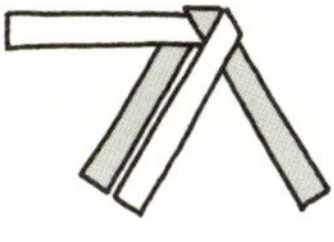

3 2つを横に並べ、紙が互い違いになるように編みます。

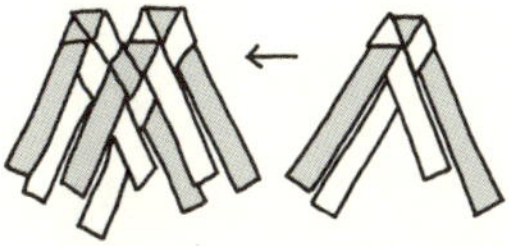

4 マジックペンなどを軸にして③を巻きつけ、編み込んでいきます。適当な長さになったらマジックペンを抜き取り、尻尾の部分がほどけないようにセロハンテープなどで留めます。

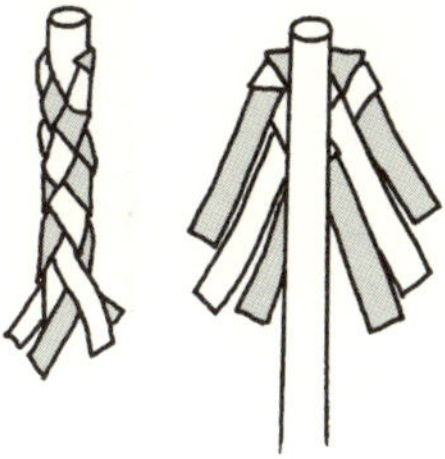

なんでそうなるの？

編み込んだ紙が引っ張り合って摩擦が起こる

食いつきヘビの尻尾を引っ張ると、口の部分が細くなって指が抜けなくなるのは、編み込んだ紙がお互いに引っ張り合って強い摩擦が起こるためです。尻尾を引っ張るのをやめると、摩擦力も弱まってヘビが口を開けてくれます。

08

〝魔法の紙〟でできた椅子

素材は紙の筒…なのに座ってもつぶれない!?

開いたままではもちろん、紙は折りたたんでも軟らかくて立たせることはできません。けれど、筒のように丸めたものを何本か束ねると、頑丈なイスの脚に大変身します！

材料

新聞紙…12枚

段ボール…2枚（25㎝四方）

道具

セロハンテープ

木工用ボンド

はさみ

つくりかた

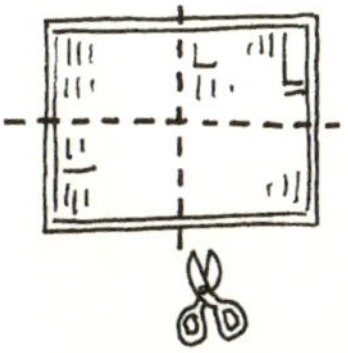

1 新聞紙12枚をすべて4分の1サイズにはさみで切り取ると、全部で48枚になります。

2 1枚をクルクルと丸め、指1本くらいの太さの筒を作ります。これと同じものを40本作ります。

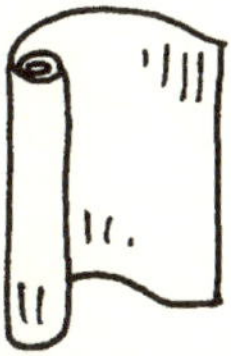

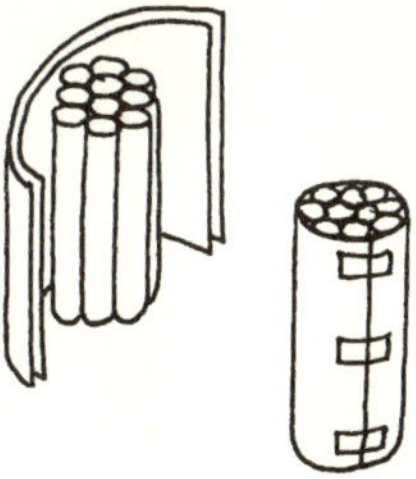

3 ②で作った筒を10本ずつまとめ、それを残りの新聞紙2枚で包んでセロハンテープで留めます。これと同じものを4本作ります。

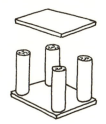

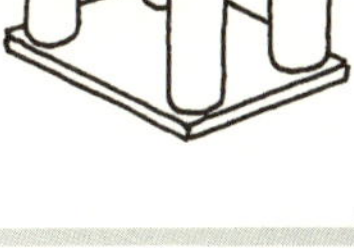

4 ③で作った筒をまとめたものがイスの脚になります。段ボールの四隅に木工用ボンドで4本の脚を立てて貼りつけ、さらに上にも段ボールを乗せて貼りつければ完成です。

なんでそうなるの？

10本束ねると小さな空洞ができる！

細く丸めて10本に束ねることで、10の小さな空洞ができます。これにより支える面が大きくなり、1カ所にかかる力をそれぞれの筒で支えることができます。10枚の新聞紙を重ねて1つの筒を作るよりも、頑丈になるのです。

09

お風呂の時間が〝シュワシュワ〟楽しい

世界にひとつの入浴剤

シュワシュワッ！　とはじける入浴剤が台所にあるもので作れるんです。お気に入りの香りや好きな形の入浴剤で、お風呂タイムを楽しみましょう！

材料

重曹…60g
クエン酸…30g
オリーブオイル…小さじ1
好みのエッセンシャルオイル

道具

ボウル
スプーン
クッキングペーパー
好きな形の製氷皿やゼリー型

つくりかた

1 ボウルで重曹とクエン酸をよく混ぜ、オリーブオイルを入れてからさらに混ぜます。エッセンシャルオイルがあれば数滴加えます。

2 ①を製氷皿などの型に入れて、ギュッと強く押して固めます。

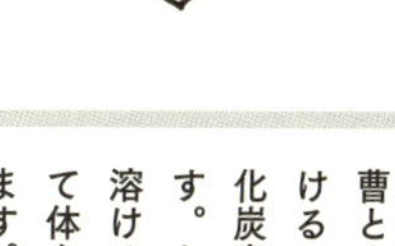

3 型からそっとクッキングペーパーの上に押し出して、風通しのいい場所で1日から3日程度しっかり乾燥させます。

なんでそうなるの？

重曹とクエン酸が反応して二酸化炭素が発生するから

この入浴剤がシュワシュワッとはじけるのは、重曹とクエン酸がお湯に溶けることで反応して二酸化炭素が発生するからです。お湯に二酸化炭素が溶けると、血行をよくして体を温める効果があります。

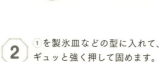

10

保冷剤が一転、香りだす

ふんわり香るアロマゼリー

ケーキなどについてくる小さな保冷剤でも大丈夫！　中にキラキラ光るビーズを入れるなどと工夫してもいいですね！

材料

ゲル状の保冷剤
アロマオイル
布
リボンなどのひも
空きビン

道具

はさみ

つくりかた

1 きれいに洗った空きビンに保冷剤の中身を入れます。

2 アロマオイルを数滴加えて混ぜます。

3 布でフタをして、リボンなどで縛れば完成です。

なんでそうなるの？

水を加えるとゲル状に戻り、何回でも使える

保冷剤の中身であるゲル剤は高吸水性ポリマーといって、水分を保持する力がとても高く、紙おむつなどに使われています。時間とともに水分が蒸発して香りもなくなってしまいますが、水を加えればゲル状に戻るので、アロマオイルを足せば何回でも使えます。

11

〝あの食べ物〟で発泡スチロールが溶けていく…

発泡スチロール製スタンプ

発泡スチロールにレモンやグレープフルーツの皮の搾り汁をかけてみると、かけたところだけがどんどん溶けていきます！　搾り汁で溶けたデコボコを利用して、スタンプを作ってみましょう。

材料

発泡スチロール（厚さが3㎝以上ある板状のもの）
レモンやグレープフルーツなどの
　柑橘類の皮…2～3個分
厚紙
皿
絵の具（またはスタンプ台）

道具

絵筆、カッターナイフ、はさみ

つくりかた

1 発泡スチロールをカッターナイフで好みのスタンプの大きさに切ります。

2 厚紙に好きな絵を描いて、はさみで切り抜きます。

3 ①の発泡スチロールの上に、②で描いた絵を裏返して置きます。裏返さないと、スタンプを押した時に絵が反対になるので注意しましょう。

4 レモンやグレープフルーツなどを切って、その皮の汁を皿に搾り出します。搾った汁を絵筆を使って、厚紙を乗せていない発泡スチロールの部分によく塗り込みましょう。しばらくすると、汁を塗った部分がどんどん溶け出してへこんできます。

5 へこんだ部分が乾いて固まったら完成です。スタンプの出っ張った部分に、絵の具で好きな色を塗ったり、スタンプ台で色をつけて、ペタペタと紙に押してみましょう。

なんでそうなるの?

リモネンが樹脂を溶かして凹ませる

レモンやグレープフルーツ、オレンジといった柑橘類の皮にはリモネンという成分が含まれています。発泡スチロールはポリスチレン樹脂と空気でできていますが、リモネンにはポリスチレン樹脂を溶かす性質があるので、皮の汁を塗った部分が凹むのです。

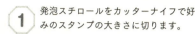

12

絶妙なバランスのやじろべえ

コップの外にフォークがあるのに全体の重心は10円玉にあるため、コップのふちに置いてもつり合いがとれてやじろべえとなるわけです!

材料

10円玉
フォーク
ガラスのコップ

つくりかた

❶フォークの４本の刃の真ん中のすき間に10円玉を挟ませて２本のフォークをつなぎます。
❷コップのふちにフォークとつながった10円玉をそっと乗せます。
❸倒れる時にはフォークを少し広げたり、すぼめたりすることでつり合いを取ります。

13

よく飛ぶ風船ロケット

おもりの重さや羽根の形、数を工夫して遠くまで飛ばしてみよう!

材料

細長い風船
画用紙
道具
空気入れ
セロハンテープ

つくりかた

❶風船を半分の長さで切り、それぞれ空気を入れて縛ります。
❷細長く切った画用紙を風船の先端に巻きつけておもりにします。
❸画用紙で羽根を作り、風船の下の部分に貼りつければ完成です。風船の下の部分にひとさし指を押し込んで、他の指で支えながら前に投げて飛ばしてみましょう。

第2章

「空気」にこんなパワーがあったなんて！

14

翼がないのに空を駆ける!?

超高速・リング型UFO

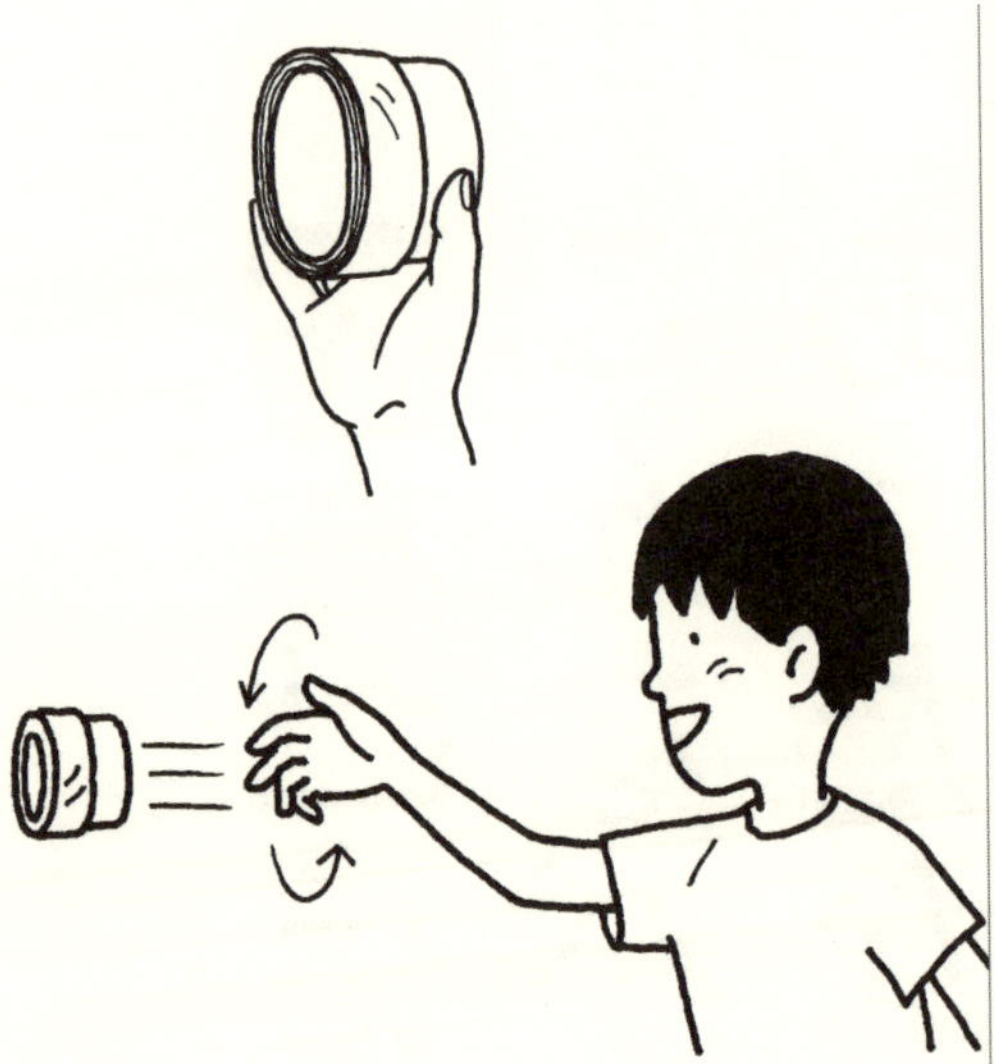

ただの輪っかなのに、投げてみるとグーンと遠くまで飛んでいく様は飛行機というよりUFO。うまく回転させながら飛ばしたり、ガムテープを巻く量を増やすと、さらに飛距離が伸びるかも!?

材料

炭酸飲料のペットボトル
布のガムテープ

道具

はさみ
カッターナイフ

つくりかた

1 カッターナイフやはさみを使って、ペットボトルを10㎝くらいの輪切りにします。

2 輪切りにしたペットボトルの上半分に、布のガムテープを5周くらい巻きつけます。

なんでそうなるの?

勢いよく回転しているものは安定している

この輪っかは、うまく回転するように投げると遠くまで飛びます。なぜなら、コマと同じように回転しているものは傾いたりせず安定感が増すからです。ガムテープを貼ったほうを前にくるようにして持つと、空気が筒の中を平行に通り抜けてよく飛びます。

15

空気の力でマトを倒せ！

エアー・バズーカ

バズーカ砲の中から勢いよく発射されるのは、“空気の弾”だから弾切れの心配はありません。底の風船を早く引っ張れば連射もOK！　紙やキッチン用のスポンジでマトを作ってマト当てゲームも楽しめます。

材料

筒状の空き箱…2本

ビニールテープ

大きめの風船

道具

鉛筆

1円玉

カッターナイフ

つくりかた

1 1本の筒状の空き箱の底を完全に切り取ります。

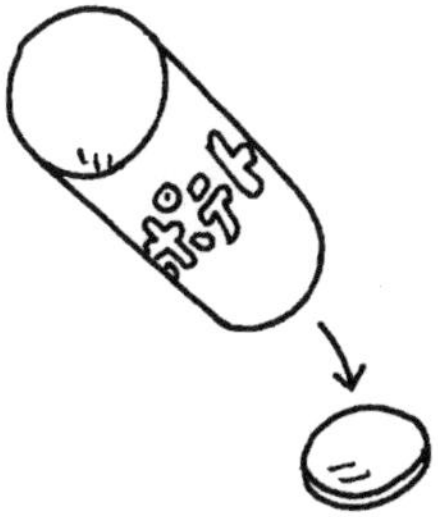

2 もう1本の空き箱の底の中央には1円玉で円を描き、カッターナイフでくり抜きます。

3 ①と②をビニールテープでくっつけます。

4 大きめの風船を半分に切り、結び目があるほうを、底を完全に切り取ったほうの筒の底にかぶせてビニールテープでしっかり留めます。

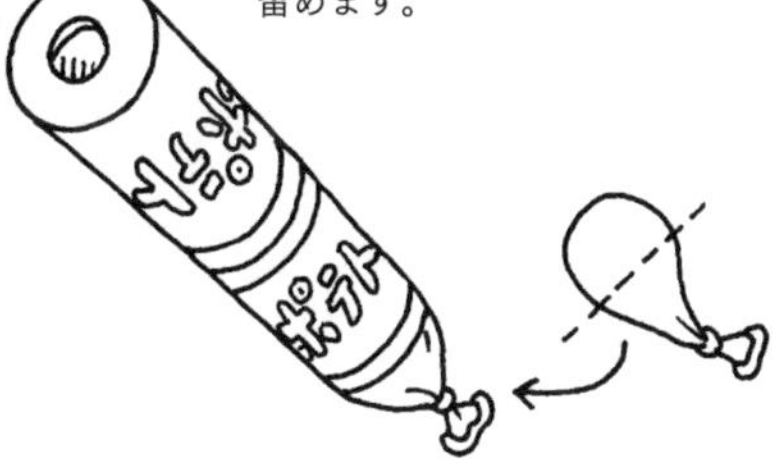

なんでそうなるの?

細い口から出てきた空気は勢いがある

ロウソクの火を吹き消す時に、大きく口を開けるより、唇を小さくすぼめたほうが勢いよく息が出て、簡単に火を消すことができます。それと同じように、1円玉大の穴から空気を出すことで、軽い標的なら倒せるほどの空気を発射することができるのです。

※耳など顔の近くでの使用は危ないので控えましょう。

16

ラウンドした翼はまるで未来の飛行機

チューブ型プレーン

画用紙の輪をストローでつなげてクリップでおもりをつけただけのシンプルな飛行機です。「これが飛行機？」と思うかもしれませんが、かなり安定感があって遠くまで飛びますよ。

材料

八つ切り画用紙
ストロー
クリップ

道具

セロハンテープ
はさみ

つくりかた

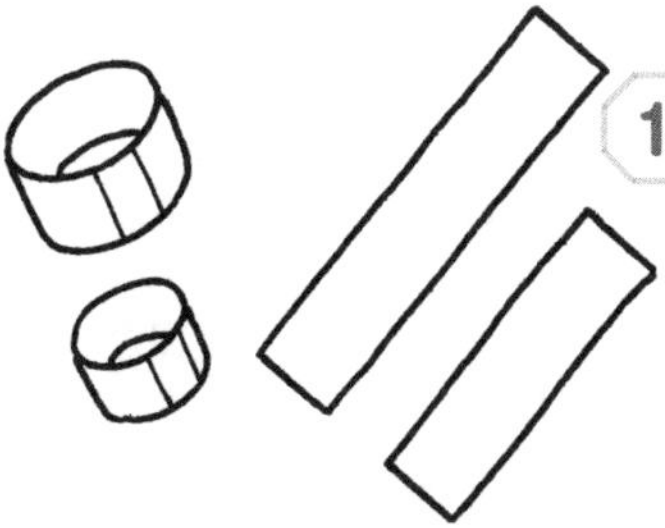

1 画用紙を５㎝幅に切り、直径の大きさが違う２つのリングを作ります。

2 ストローの両端にリングを置き、セロハンテープで固定します。

3 小さいリングがついているほうのストローの先に、クリップを挟みます。

なんでそうなるの？

空気が筒を通り抜けることで揚力が生まれる

前出の「空飛ぶ輪っか」の飛行機版です。その形からリングウィングとも呼ばれます。おもりがついている小さいリングのほうを前に構え、手首のグリップを使って平行に投げ出します。羽根が円筒状なので紙飛行機のように蛇行せず、遠くまで真っすぐに飛びます。

17

カラフルロープがパッと飛び出す！

ペットボトル・クラッカー

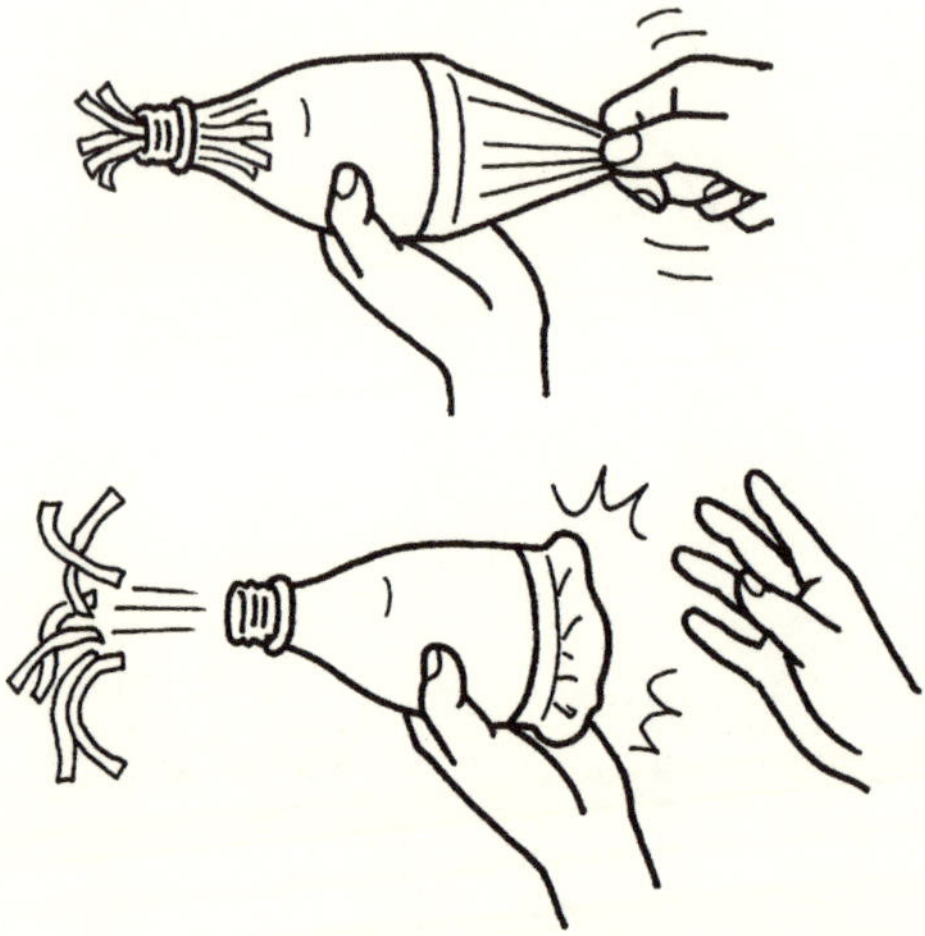

ペットボトルの底についている風船を引っ張って、パッと手を離せば、カラフルなロープが飛び出します！　中身をペットボトルに戻せば、何度でも使えます。

材料

ペットボトル

風船

PPロープ（青、赤、黄など3色程度）

道具

カッターナイフ

はさみ

セロハンテープ

※「PP ロープ」＝ポリプロピレンロープ

つくりかた

1 カッターナイフやはさみでペットボトルを2分の1の長さに切ります。

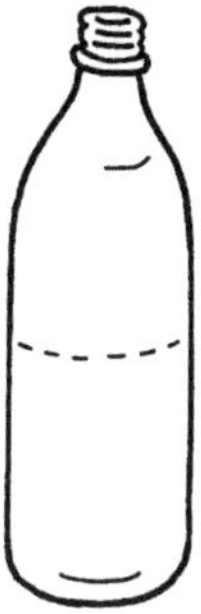

2 風船を半分に切り、ペットボトルの底にかぶせてセロハンテープでしっかり留めます。

3 ペットボトルの口に細長く割いたPPロープを入れます。

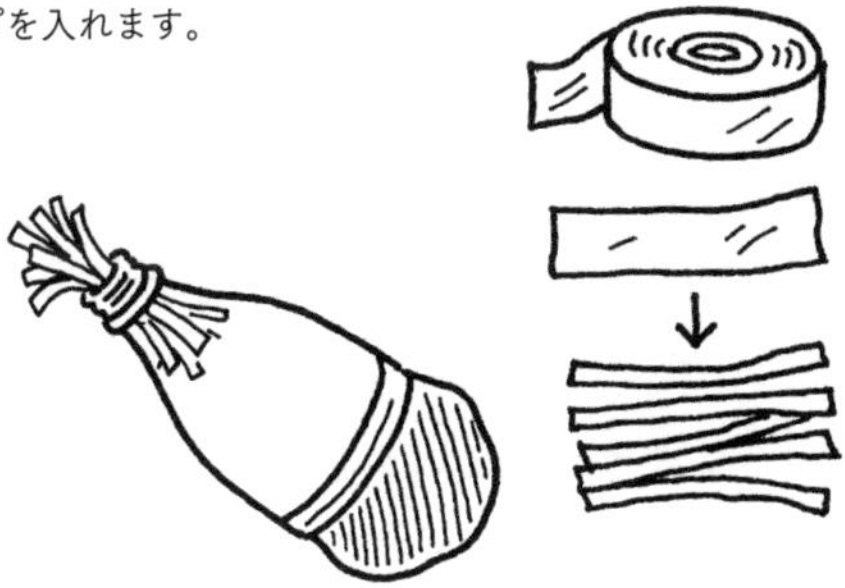

なんでそうなるの？

ペットボトルの空気と一緒に押し出される

底にくっついている風船を引っ張ると、ペットボトルの中の容積が広がって、その分、空気がたくさん入ります。そして風船から手を離すと空気が押し出されます。押し出された空気と一緒に勢いよくPPロープが飛び出して、クラッカーのようになるのです。

18

フワフワと空を散歩する

たんぽぽの綿毛

風に乗ってふわふわと飛んでいく、たんぽぽの綿毛を作ります。高いところから落としてみると、綿毛の姿や動き方、落ちていくスピードなどがわかります。

材料

スチレンペーパー
薄手の半透明レジ袋
丸いシール（2枚）

道具

セロハンテープ
はさみ
白のマジックペン

つくりかた

1 スチレンペーパーを幅0.5㎝×長さ 20㎝に切って３本用意します。

2 レジ袋をはさみで切って開き、①のスチレンペーパーを十字に置いてセロハンテープで留めます。

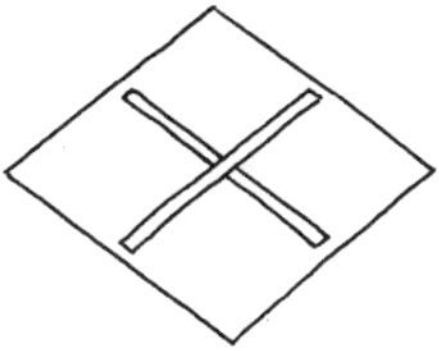

3 もう１本のスチレンペーパーは十字の交差した部分にセロハンテープで貼りつけ、もう一方の端に丸いシールを２枚貼り合わせます。

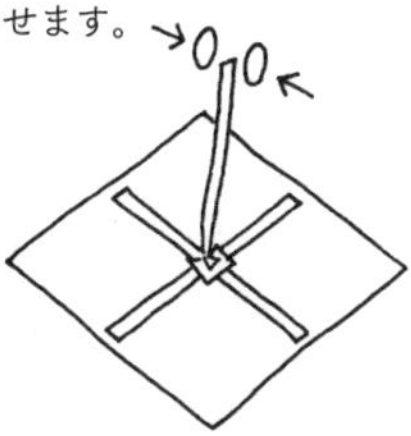

4 レジ袋を円形に切り、白いマジックで放射状の線を描いたら、まわりに５㎜くらいの切り込みを入れます。

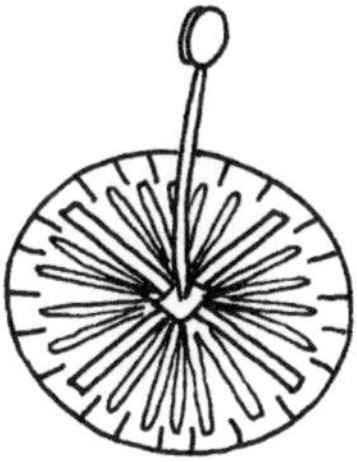

なんでそうなるの？

パラシュートの要領で遠くまで種を運ぶ

　たんぽぽの種は、綿毛がパラシュートの役目をしています。そのため上昇気流に乗ると、より高く遠くまで種を飛ばすことができるのです。この工作ではシールが種の代わりになっています。もし種が重くなったら、飛び方はどう変わるのかも確かめてみましょう。

19

人形たちが台の上で華麗にスピン？

ぶるぶるスケートリンク

箱で作ったリンクの上で、人形たちがクルクルと円を描いて踊ります！　ポイントは、人形たちが乗ったモールの形にあります。

材料

お菓子などの空き箱

色画用紙

モール

道具

はさみ

セロハンテープ

ストロー

羽根を取ったミニ扇風機やミルクフォーマーなど

（100円ショップなどで手に入るもの）

つくりかた

1 色画用紙を好きな形に切り抜いて人形を作ります。あまり重くなるとうまく踊らないので、軽くなるように注意しましょう。大きさは4cm程度まで。

2 短く切ったストローに人形をセロハンテープで貼ります。モールをクルクルと丸め、中心を少し立たせます。

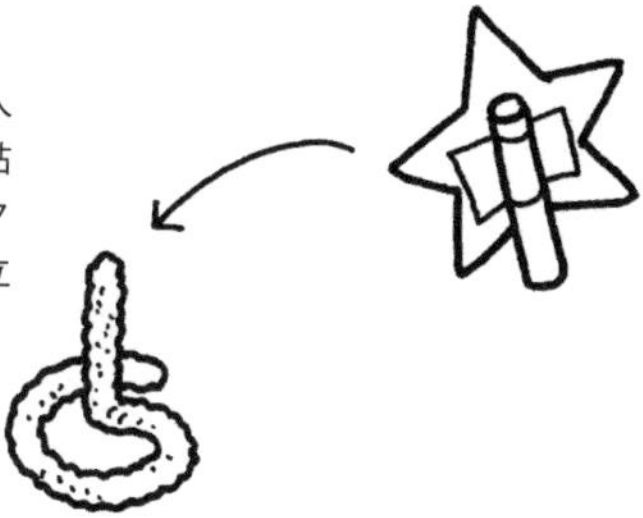

3 立たせた部分にストローを刺し、人形を立てます。空き箱の上に人形を置いて扇風機やミルクフォーマーを当てて振動を伝えると、人形がクルクル踊りだします。

なんでそうなるの?

モールを丸めると回転する

びっしりと細い毛が並んでいるモールは、振動を進む力に変えます。モールを丸めることで、直進ではなく回転するのです。モールの巻き具合を変えて、回転の速さを観察してみましょう。

20

歩くだけでクルクル回る

指先風車

指先でクルクルと回る不思議な折り紙…。4つの辺をバランスよく折るだけで、歩くと回る風車に早変わりです。

材料

折り紙

道具

はさみ

指サック

空気のパワー

つくりかた

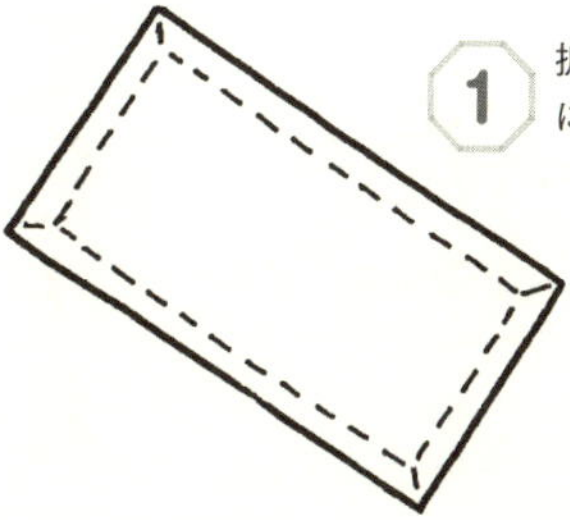

1 折り紙を半分に切って、長方形にします。

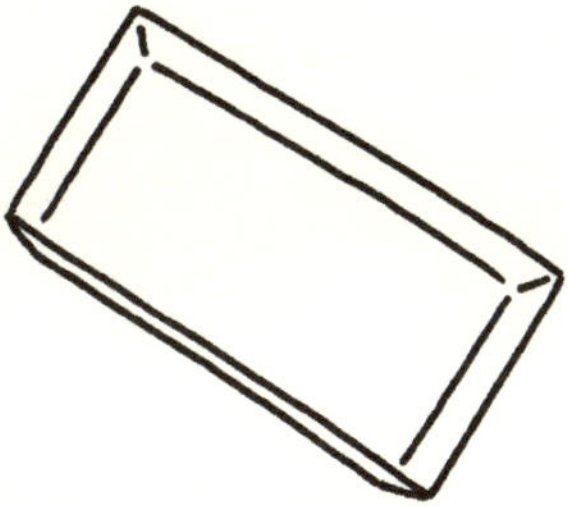

2 長方形の辺をすべて7㎜くらい谷折りにして少し立ち上げて、お皿のような形を作ります。折り目は直角にしません。

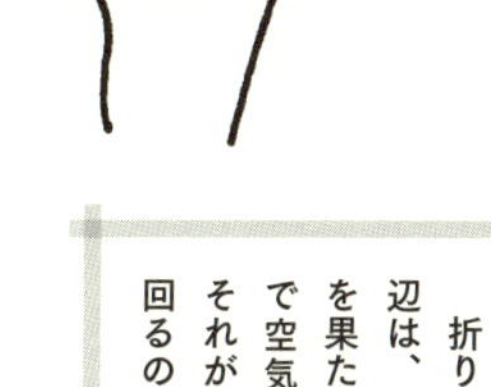

3 指にサックをはめて、折り紙をバランスよく乗せます。そのまま歩くと、指先で折り紙がクルクルと回るはずです。

なんでそうなるの?

歩くと空気の流れが生まれる

折り紙の立ち上がった辺は、風車の羽根の役割を果たします。歩くことで空気の流れが生まれ、それが羽根にぶつかって回るのです。

21

モビール

いつまでもゆらゆら…

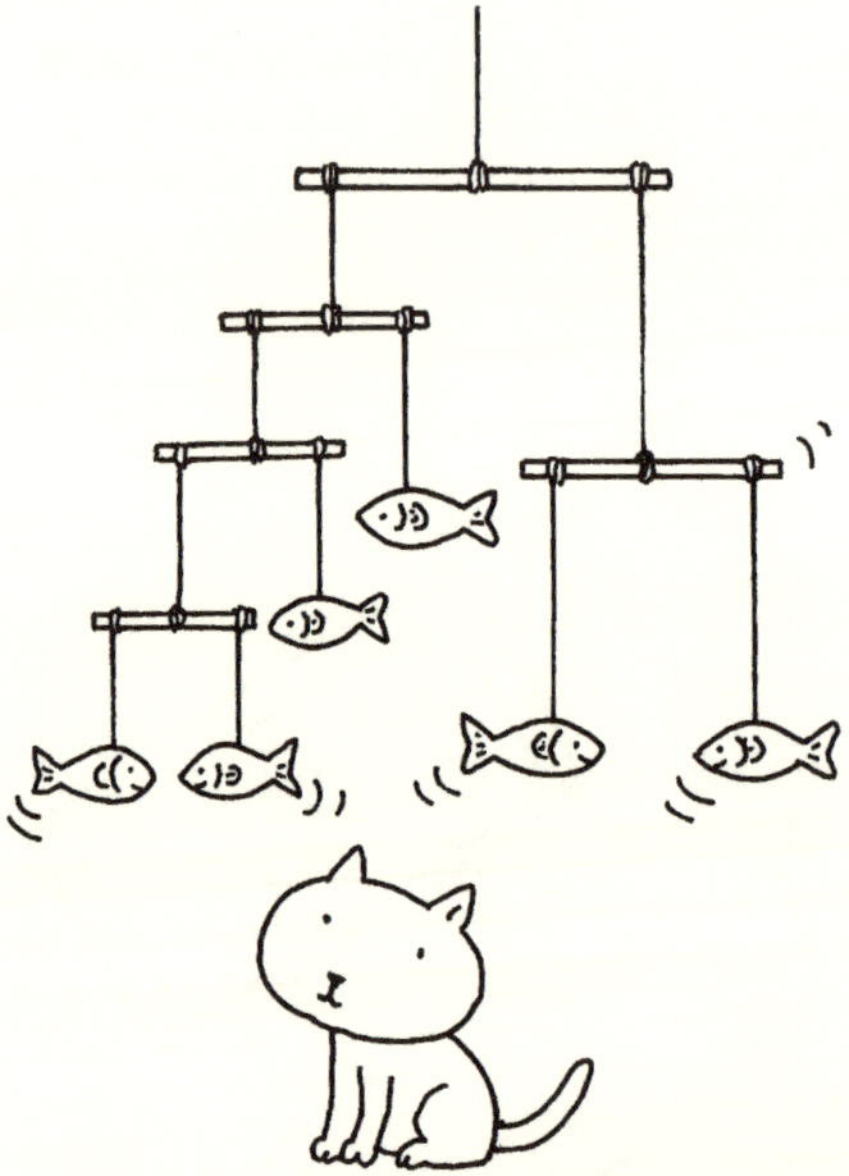

うまく吊り合いが取れないと思われがちなモビールですが、支点をずらすことで、不思議なほどバランスが安定するのです。

材料

竹ひご
糸
色画用紙

道具

木工用ボンド
はさみ

つくりかた

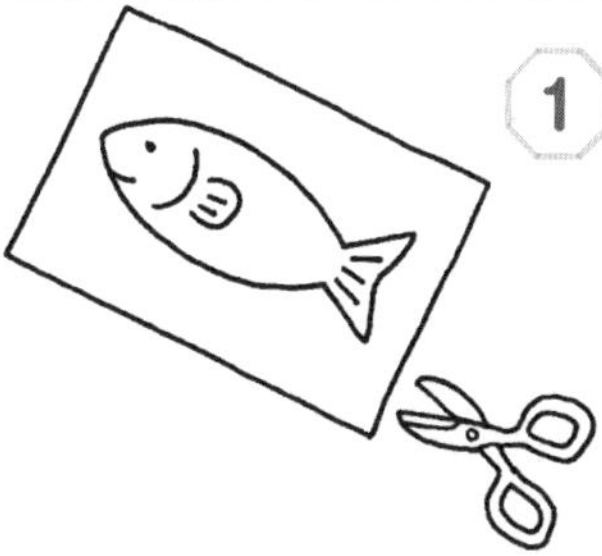

1 色画用紙に好きな絵を描き、はさみで切り抜きます。つるす分だけ、作ります。

2 切り抜いた絵を竹ひごに吊るし、水平になるところで下げ糸を結びます。下げ糸の結び目は、木工用ボンドで固定します。

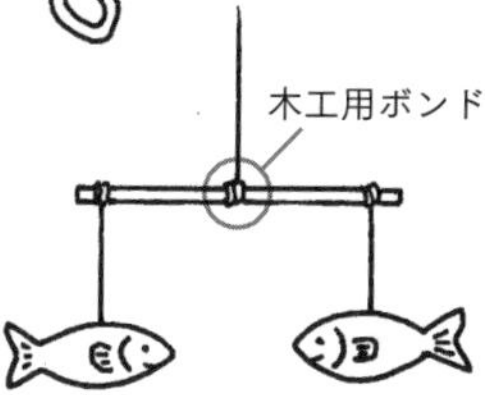

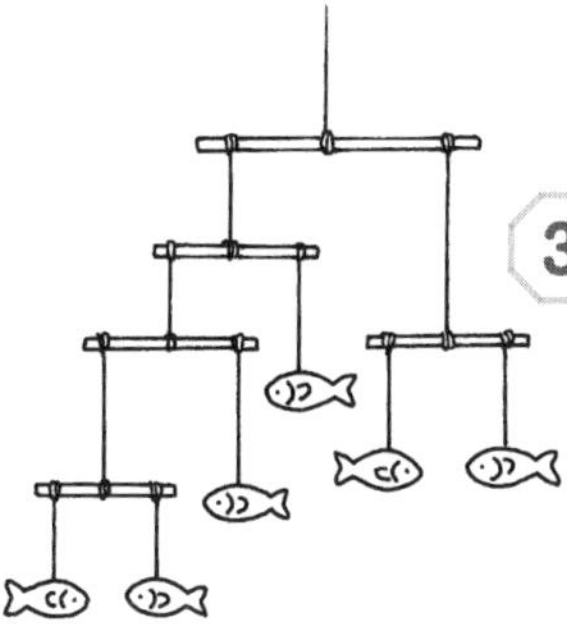

3 これを繰り返して吊り下げていけばできあがりです。

なんでそうなるの？

「重さ」×「距離」が左右で同じであることが条件

テコが吊り合う条件は、「重さ」×「距離」が左右で同じになっていることです。それを体験できるのがモビールや、やじろべえです。左右に吊るす重さが違う場合は、重いほうは支点に近づけて、軽いほうは遠くすればつり合います。

22 羽根の向きや長さで飛び方が変わるトンボ

牛乳パックとストローで作るトンボ。
羽根の形や向きを工夫した
オリジナルトンボを作ってみましょう。

材料

牛乳パック
ストロー

道具

ホチキス
セロハンテープ
マジックペン
はさみ

つくりかた

❶牛乳パックのタテ1面を切り取って、2つ折りにして羽根の形に切り取ります。
❷ストローの先2カ所に1.5㎝ほどの切り込みを入れて、2つ折りにした羽根をさし込み、テープとホチキスで固定します。
❸羽根を軽くねじるように角度をつけたら、手の中で回して飛ばしてみましょう。

23 たった3枚の紙をホチキスで留めるだけのブーメラン

プロペラの形をしたブーメラン。簡単に作れますが、
飛ばすにはコツが必要です。羽根をねじったり
そらせたりして工夫してみましょう!

材料

厚紙

道具

はさみ
ホチキス

つくりかた

❶厚紙で細長い長方形を3枚作ります。片方にだけ切り込みを入れます。
❷3枚の紙を組み合わせてホチキスで留めます。
❸羽根をプロペラのように少しねじってから飛ばしてみましょう。

第3章

拡大に映写…「視覚」で楽しむ不思議な装置

24

ペットボトル式顕微鏡

倍率200倍でミクロワールドをのぞこう！

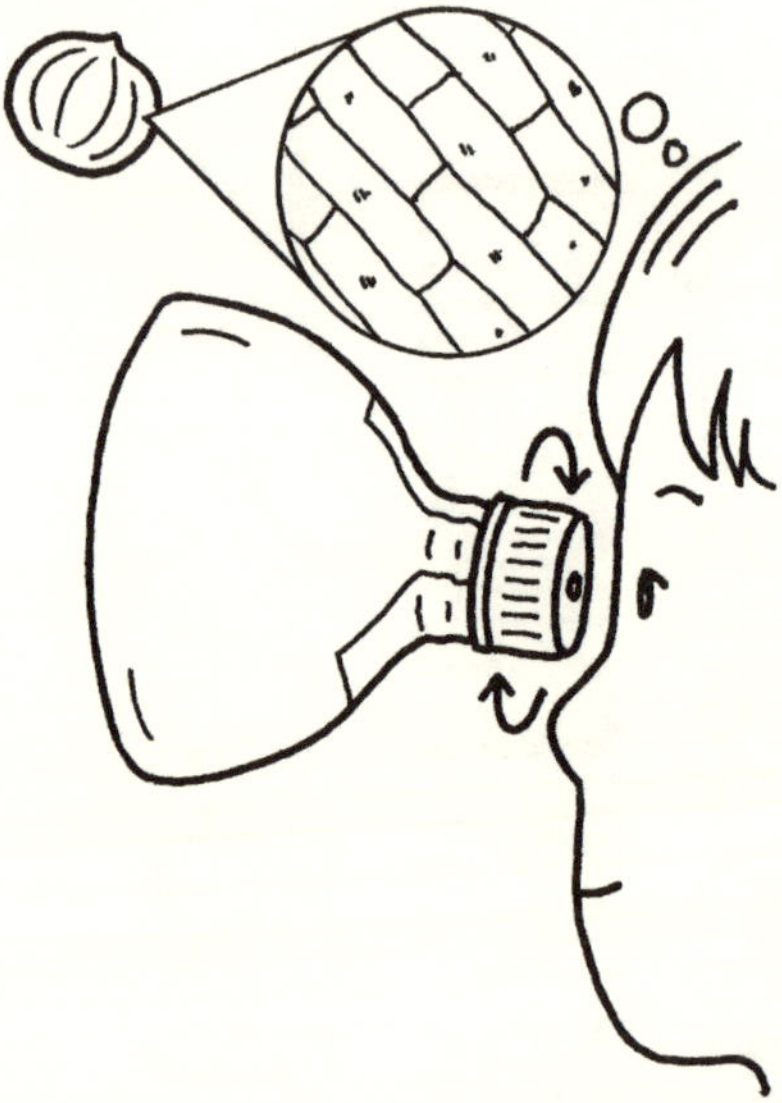

理科の実験に欠かせない顕微鏡も、原理がわかれば簡単に作れます。ペットボトルとガラスビーズの顕微鏡で、ミクロの世界をのぞいてみましょう！

材料

ペットボトル
透明なガラスビーズ（直径2㎜程度）
玉ねぎの皮など試料になるもの

道具

カッター、はさみ
キリ、セロハンテープ

つくりかた

1 ペットボトルのふたの中央に、キリで直径2㎜程度の穴を開けます。そこにガラス玉を内側から押し込みます。ガラス玉は内側に少し出ている状態にします。

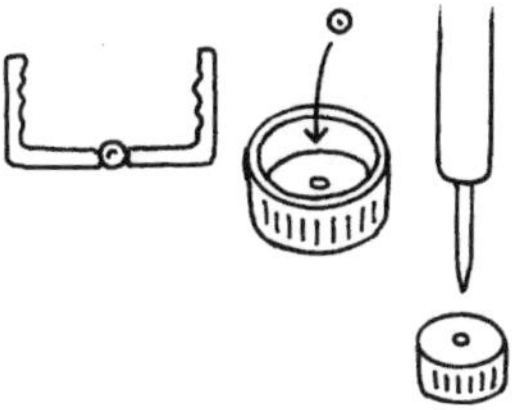

2 ペットボトルを上のほうで2つにカットします。口がついていないほうのできるだけ平らな部分を15㎜×20㎜くらいの大きさにカットします。これがプレパラートになります。

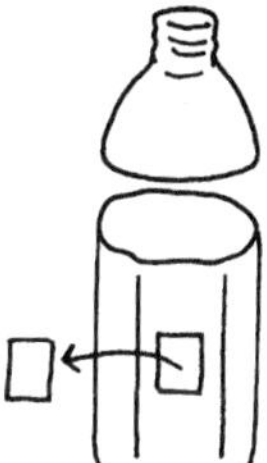

3 玉ねぎの薄皮などの試料をプレパラートに乗せ、ペットボトルの口の部分に上からセロハンテープで留めます。

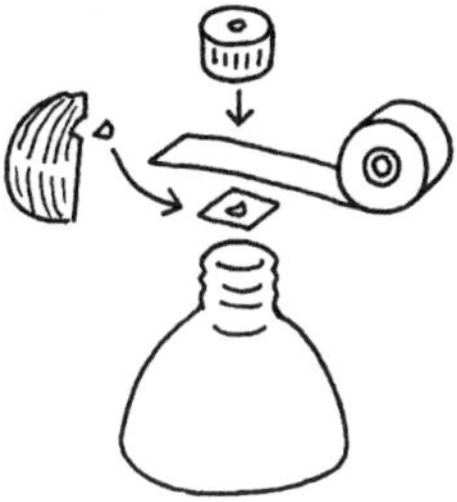

4 フタを閉めながら明るい方向にペットボトルを向けます。閉め具合を調整することでピントが調節できます。うまくピントが合えば100倍から200倍に拡大することができます。

※この顕微鏡で太陽を見るのは危険なので絶対にやめてください。

なんでそうなるの？

凸レンズと同じ働きをするガラスビーズ

ガラスビーズは凸レンズと同じ働きをします。球体のガラスは厚いレンズと同じなので、より大きく拡大することができるのです。

25

無限トンネル

永久に続く鏡の世界に囚われちゃう

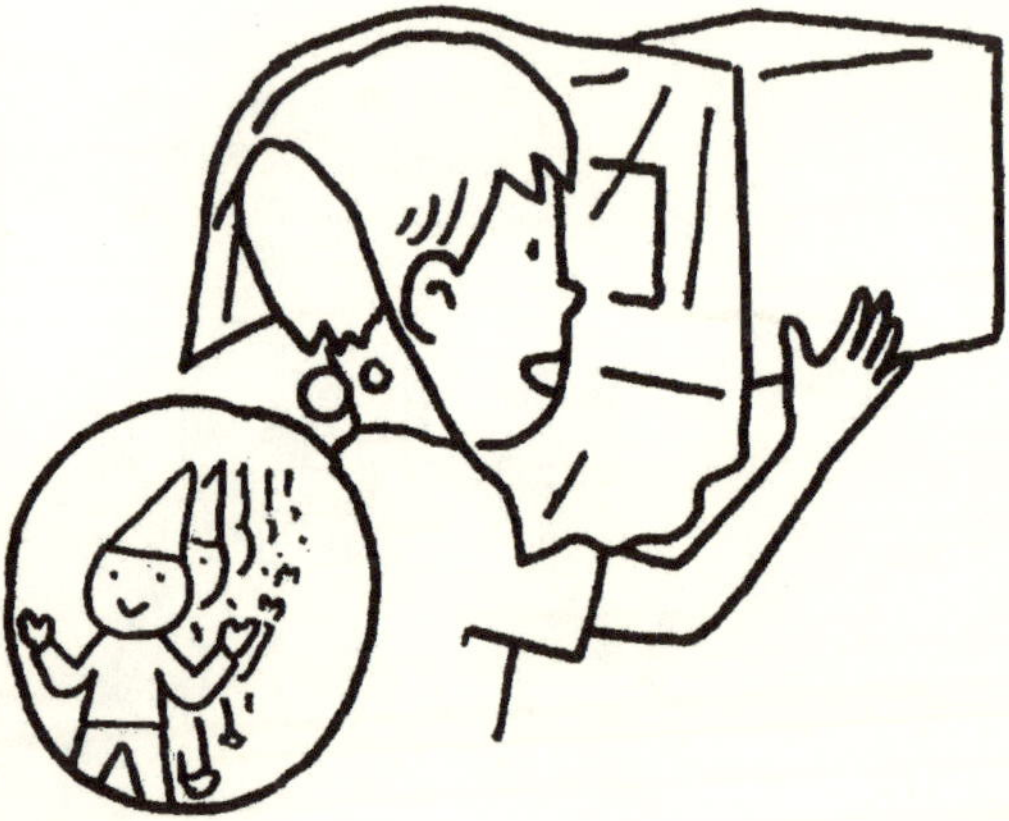

ただの箱だと思って中をのぞいてみると、どこまでも無限に続く鏡の世界にビックリ！　“鏡のトンネル”に迷い込んだかのような不思議な世界が広がります。

材料

ハーフミラーシート、黒い布、
透明アクリル板、鏡、小さめのフィギュア、
段ボール箱、黒い絵の具、糸、わりばし

道具

カッターナイフ、筆かハケ、
セロハンテープ

つくりかた

1 透明のアクリル板に、ハーフミラーシートを貼りつけます。

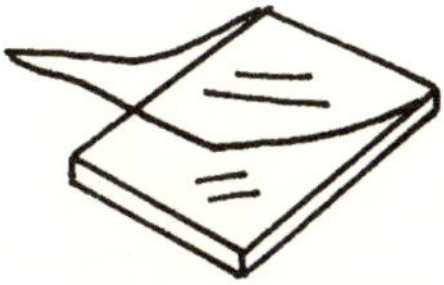

2 段ボール箱を図のようにカットし、内側を黒く塗ります。

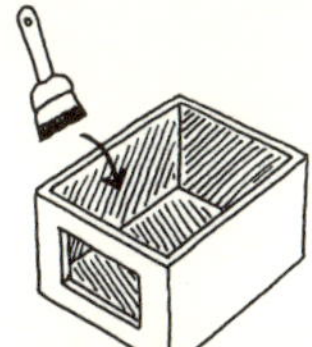

3 段ボール箱の側面の窓の部分に①を取りつけ、対面に鏡を貼りつけます。

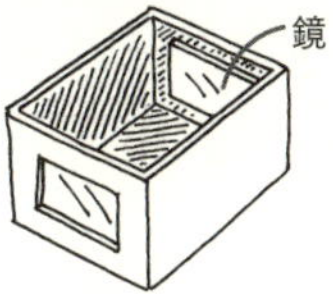

4 窓を覆うように黒い布を取りつけます。

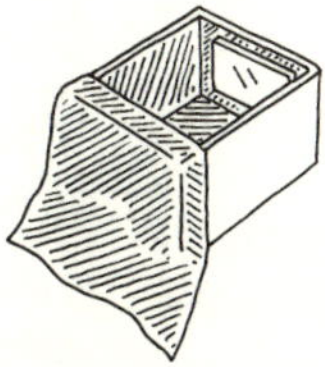

5 上部にわりばしを渡し、糸をつけたフィギュアをぶら下げます。

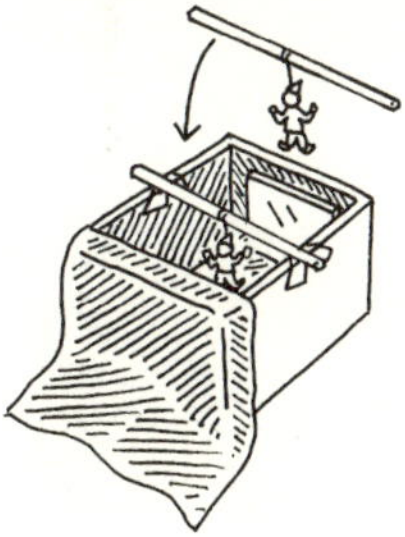

なんでそうなるの？

鏡の裏から無限の世界をのぞく

鏡を持って別の鏡の前に立つと、同じ鏡像が無限に続く絵が見られますが、それを鏡の裏側から見ることを可能にしたのがこの工作です。ハーフミラーはいわゆる〝マジックミラー〟といわれるもので、片面から見ると鏡ですが、もう片面はガラスになっています。

26

虫めがねのプロジェクター

自分で描いた絵が映写できちゃう！

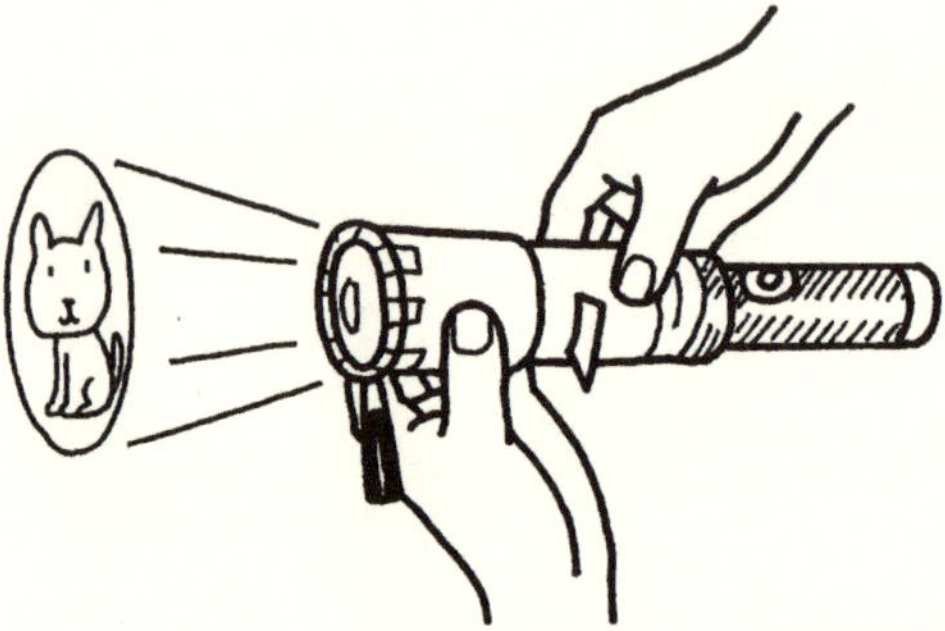

壁に大きな画像を映しだすことができるプロジェクターを、虫めがねと懐中電灯を使って作ることができます。自分でプラスチックに描いた絵などを映しだせますよ！

材料

懐中電灯（ライトの直径が虫めがねの
　直径と同じくらいの大きさのもの）
虫めがね
厚紙

道具

セロハンテープ、カッターナイフ、
OHPフィルム（または透明のプラスチック板）、
OHPマーカー　（またはマジックペン）

つくりかた

1 懐中電灯のライト部分の直径に合わせて厚紙を筒型に丸めます。筒の真ん中にカッターナイフでOHPフィルムを差し込むための切れ込みを入れます。

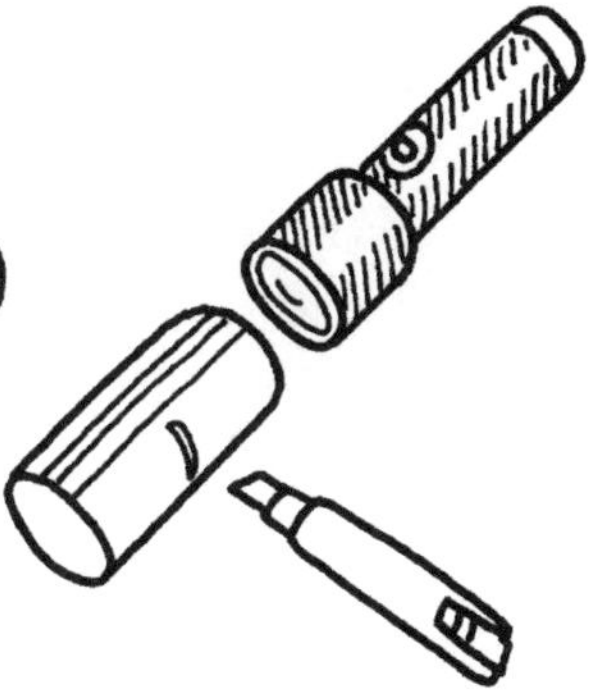

2 筒の入り口に懐中電灯のライトの部分を差し込み、セロハンテープでしっかり留めましょう。

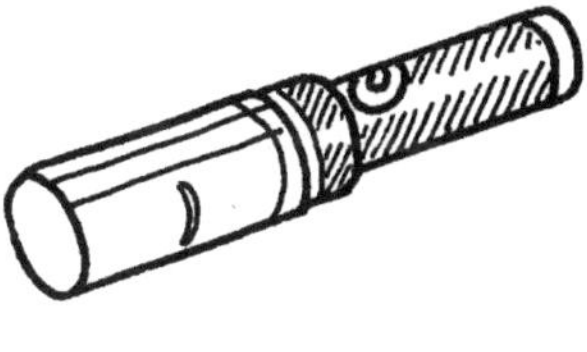

3 ②で作った筒の懐中電灯がついていないほうに外側から厚紙を巻きつけ、筒をもう１つ作ります。もう一方の端は、虫めがねのレンズ部分の直径に合わせるようにしましょう。②の筒とスムーズにスライドできるように直径を調節しながら筒を作ります。

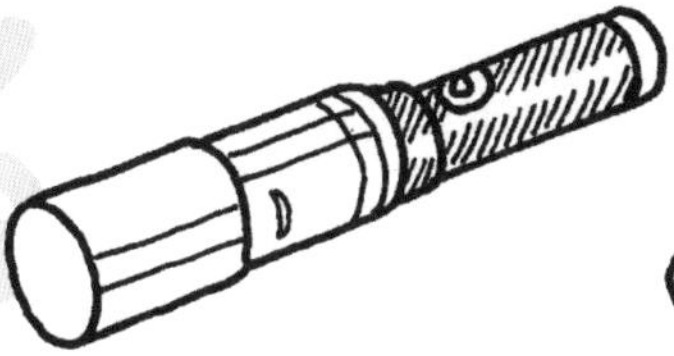

4 ③で作った筒に虫めがねのレンズ部分をセロテープで取りつけます。

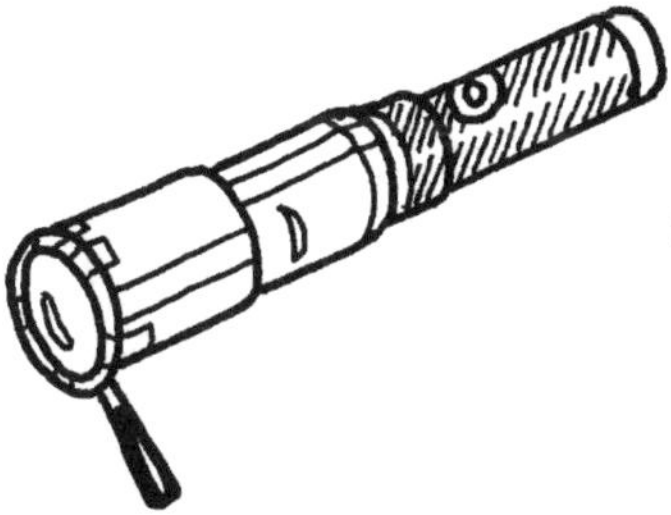

5 ④の筒に②の筒を差し込めば、プロジェクターは完成です

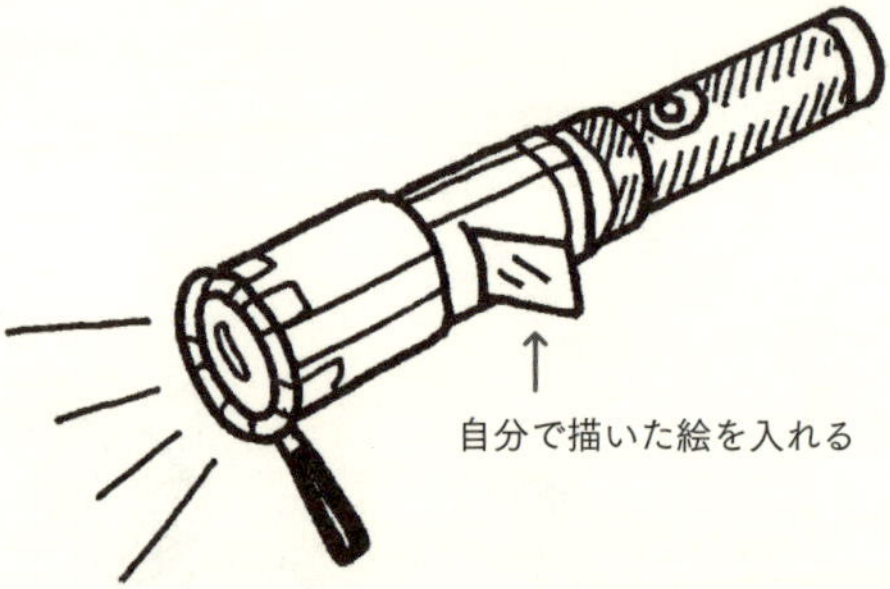

映す時のポイント

その①

ＯＨＰフィルムにＯＨＰマーカーで好きな絵を描きます。透明なプラスチックの板にマジックペンで絵を描いてもいいでしょう。

その②

筒の切り込みにＯＨＰフィルムを入れてから、懐中電灯をつけて壁や天井などに絵を映し出しましょう。ピントが合わない時は筒をスライドさせたり、プロジェクターと壁との距離を調節しましょう。

なんでそうなるの？

焦点が違うレンズを使うと像が変わる

レンズとレンズの焦点までの距離を焦点距離といいます。プロジェクターで映し出す像は、この焦点距離とレンズとフィルムの距離によって大きさが変わります。焦点距離が異なるレンズを使えば、壁とプロジェクターの距離が同じでも像の大きさは変わります。

27 回転アニメ・シアター

紙筒の中をのぞけば絵が動き出す!?

連続した絵を描いて紙筒のようにしてクルクル回せば、アニメーションのように動きだします。好きな絵を描いて、どんなふうに動くのかのぞいてみましょう。

材料

画用紙（黒、白、色画用紙を各1枚ずつ）

たこ糸

針金

クリップ

道具

カッターナイフ

定規

のり

キリ

1 図のように、同じ長さの色画用紙を１つは幅が２㎝くらい、もう１つは幅８㎝以上に切ります。

2 黒い画用紙を幅２～３㎝くらい（長さ 6㎝以上）に細長く切ります。これを 10 本くらい作ります。

3 細い色画用紙と幅の広い色画用紙の橋渡しをするように、黒い画用紙をのりで貼っていきます。２～３㎜程度の隙間を均等に開けて貼っていきましょう。端にのりしろになる部分を少し残しておきます。

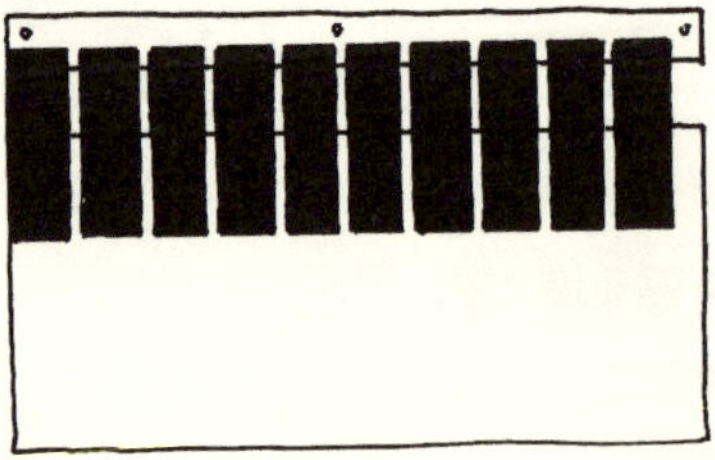

4 黒い画用紙を貼り終わったら、筒型に丸めて、のりしろの部分をのりで貼ります。細い色画用紙のほうが上部になります。

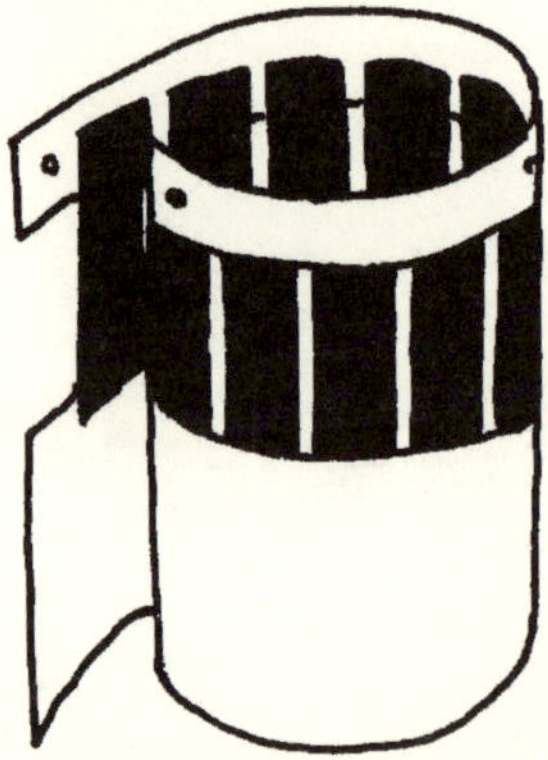

5 筒の上部に2カ所、対角線上にキリで穴を開けます。それぞれの穴に針金を通し、針金の真ん中にたこ糸を結んで吊るせるようにしたら、クルクルアニメ装置の完成です。

6 ⑤で完成した装置の直径に合う長さの白い紙を用意して、そこに少しずつ異なる連続した絵を描きます。始まりと終わりの絵がつながるように描きましょう。

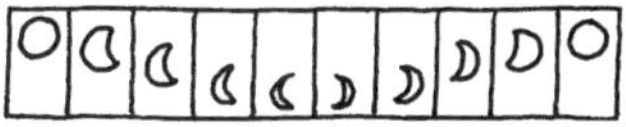

7 絵を筒型に丸めて、のりかセロハンテープで留めます。筒型になった絵を⑤で完成した装置の下部に差し込み、落ちないようにクリップなどで留めます。

8 手でたこ糸を持って吊るし、クルクル回してみましょう。黒い画用紙のすき間から下部の絵をのぞいてみると、まるで動いているように見えます。

なんでそうなるの?

連続した絵を見ると〝錯覚〟する

このクルクルアニメ装置は「ゾートロープ」と呼ばれるものです。回転のぞき絵ともいわれ、縦にすき間のある筒の内側の面に連続した絵を描いたものです。連続した絵を隙間を通して一定のスピードで見ることで、まるで動いているかのような錯覚が起きるのです。

28

いつもの景色が不思議な模様に

かんたん万華鏡

何の変哲もない三角形の筒をのぞいてみると、木の葉っぱも色鉛筆も、窓から見える風景も、いつも見ている光景とはまったく違った世界が広がっています。ヒミツは筒の内側に貼ったミラーシールと光にあり！

材料

ミラーシール

厚紙

道具

カッターナイフ

ビニールテープ

ティッシュペーパー

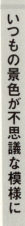

つくりかた

1 厚紙の片面に、きれいにミラーシールを貼ります。

2 ミラーシールを貼りつけた厚紙をタテに3等分に切ります。

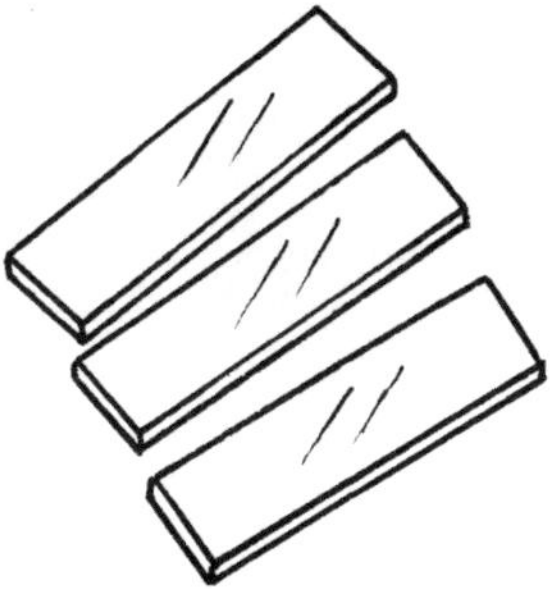

3 ティッシュペーパーでミラーシール面をきれいに拭き、ミラーシール面を内側にしてビニールテープで固定して三角柱の形に組み立てます。

なんでそうなるの?

鏡に映った像をもう1枚の鏡に映す3面鏡の原理

3枚鏡の万華鏡は、1枚の鏡に映ったものが隣の鏡に映り込み、さらに隣に…と繰り返すことによってモザイク状の模様を作りだします。また、鏡に映る物の光の当たり具合によっても異なった模様に変化します。持ち物や風景などいろいろのぞいてみましょう。

29

天地がひっくり返った景色が映る

逆さカメラ

レンズもないのに、箱の中には外の景色が映し出されます。ピントを調節しながら、いろいろなものを見てみましょう！

材料

黒い厚紙2枚
トレーシングペーパー

道具

カッター
はさみ
キリ
のり

つくりかた

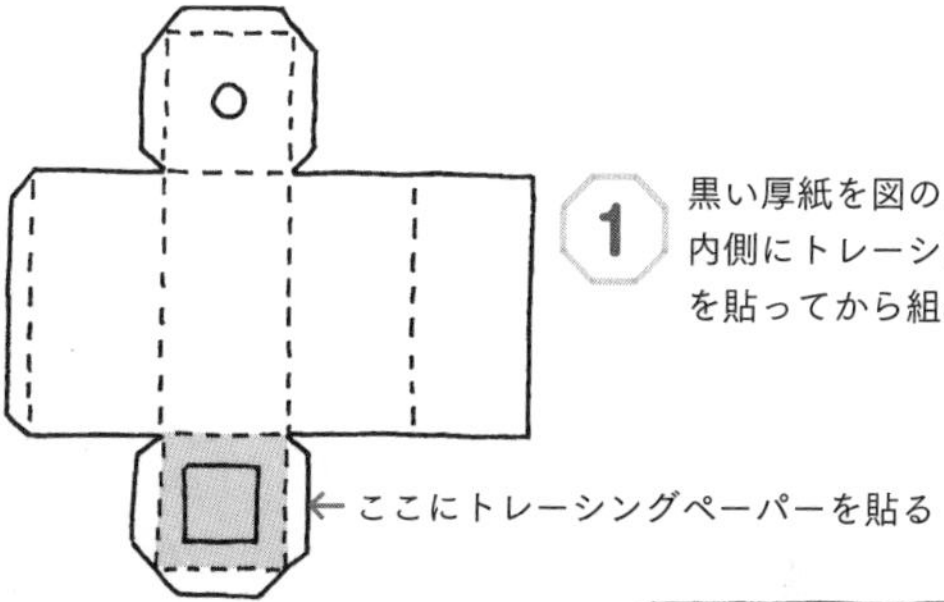

1 黒い厚紙を図のように切って、内側にトレーシングペーパーを貼ってから組み立てます。

2 もう1枚の厚紙を図のように切り、小さい面の中心にキリなどで小さい穴を開けてから組み立てます。

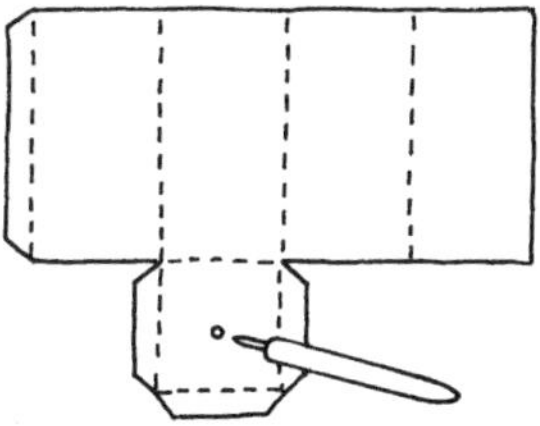

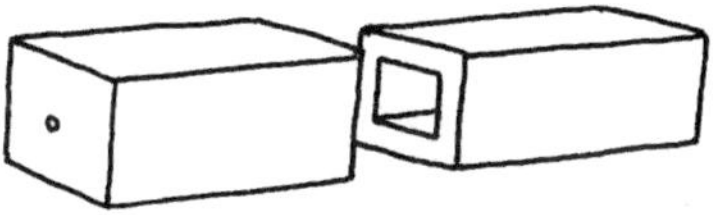

3 大きい箱の中にもう一方の箱を入れます。内側の箱の中をのぞきながらスライドさせて、トレーシングペーパーに像が映るようにピントを合わせます。

なんでそうなるの?

小さなピンホールを通り抜けた光が焦点を結ぶ!

最も簡単なカメラであるピンホールカメラの原理を応用しています。小さなピンホールを通り抜けた光が、箱の内部のトレーシングペーパーに焦点を結ぶのです。

30

止まると白黒、回すと色が現れる

カメレオンごま

円盤に白と黒で模様が描かれているコマ。明るいところでクルクルと回してみると、白黒なのに色がついて見えるから不思議です。

材料

厚紙

つまようじ

マジックペン

道具

はさみ

コンパス

つくりかた

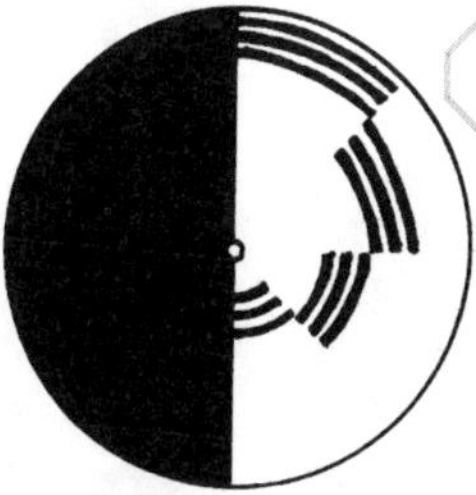

1 コンパスで厚紙に円を描き、黒のマジックペンで図と同じような模様を描きます。模様を自分で描くのが難しい時は、この図をコピーして切り抜き、厚紙にのりで貼りつけると簡単です。

2 円盤の中心に、コンパスの針の先を使って小さな穴を開けます。そこにつまようじを垂直に刺します。持つ側を少し長めにし、下側を短めにしたほうが回しやすいでしょう。

3 平らな場所で回してみましょう。しばらくじっと見ていると、白黒なのに色がついて見えます。

なんでそうなるの？

イギリス人が作った「ベンハムのコマ」を応用

この変色ゴマは「ベンハムのコマ」と呼ばれるもので、イギリスのベンハムという人が作りました。目の錯覚で白黒に色がついて見えるようですが、はっきりした原理はわかっていません。人によって薄い緑や、青、オレンジなど、見える色が異なります。

31

レンズ2枚で本物の望遠鏡が！

ガリレオの望遠鏡

大きさの違う２枚のレンズがあれば、本格的な望遠鏡ができます。ガリレオも使ったこの望遠鏡で大発見ができるかも!?

材料

大きさの違うレンズ（ルーペや虫めがねなど）…2枚
定規
紙の筒…2本（太いものと細いもの）
黒い紙

道具

セロハンテープ
はさみ

つくりかた

1 太陽が出ている時に、屋外で大きいほうのレンズの焦点距離を測ります。

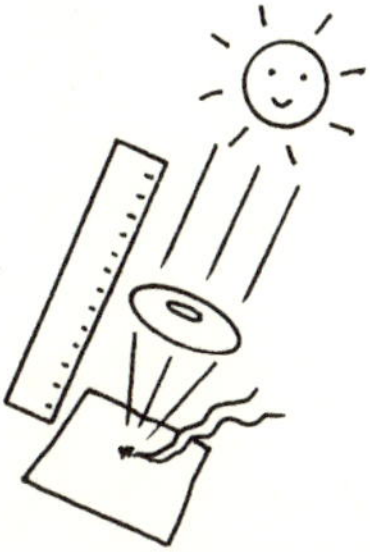

2 太いほうの筒を、①で測った焦点距離に合わせた長さに切り、大きいレンズを取りつけます。

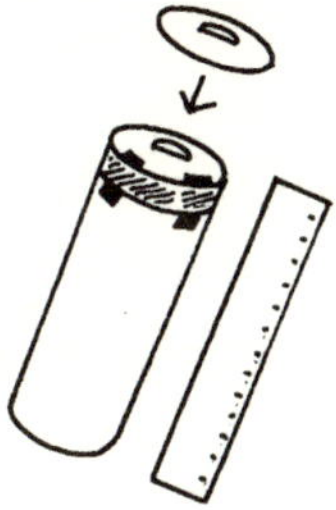

3 細いほうの筒に小さいレンズを取りつけてから紙などを巻いて、太い筒にはまるように調節します。一番外側には黒い紙を巻きます。内側の筒をスライドさせてピントを合わせます。
※この望遠鏡で太陽を見るのは危険なので絶対にやめてください。

なんでそうなるの?

大きいレンズで映した像を小さいレンズで拡大する

大きい虫眼のレンズの焦点距離は長くなります。そのレンズが映した像を手前の小さいレンズで拡大して見るのが、望遠鏡の原理なのです。

32

写真〝吸い出し〟機

新聞の写真を紙に写し取る!?

新聞には色鮮やかなカラー写真が掲載されていることがありますね。これに油を垂らして、ほかの紙を乗せてみると……反転した写真をきれいに写し取ることができますよ！

材料

新聞紙
サラダ油
画用紙

道具

スプーン

つくりかた

1 写し取りたい新聞のカラー写真や、カラーイラストをトレーなどの上に置き、サラダ油を垂らします。よく染み込むように3～5分くらい待ちます。新聞紙はできるだけ日付の新しいものを使うといいでしょう。

2 はみ出したサラダ油は、キッチンペーパーなどで吸い取ります。カラー写真の上に画用紙をかぶせ、スプーンの裏側でゴシゴシと写真を写し取るようにこすります。

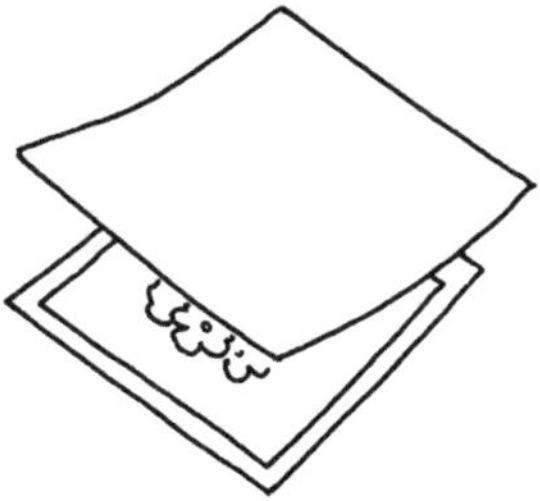

3 紙が破れないように、そっと剥がせば、カラー写真が転写されています。

なんでそうなるの？

油を塗るとインクが軟らかくなる！

新聞紙のインクは原料に油が使われています。新聞が配達されるころにはインクはすでに乾いていますが、そこにインクの原料と同じ油を塗ると、インクはゆるんで軟らかくなります。その状態で上に紙を置いてこするとインクが写し取れます。

33

ミラーツリー

キラキラしてゴージャス感たっぷり！

すべての面にミラーシールを貼って作るクリスマスツリーです。ツリーに取り付けた飾りが鏡に映って増えたように見えるので、少ない飾りでも豪華に見せることができます。

材料

厚紙

ミラーシール

ビーズなどの飾り

道具

カッターナイフ

はさみ

つくりかた

1 ツリーの形に切った厚紙を2枚用意します。

2 ①の表面にミラーシールを貼り、厚紙の形に合わせてカットします。

3 ツリーにタテの切れ込みを入れます。1枚は上から真ん中まで、もう1枚は下から真ん中までカットします。

4 ツリーを組み立ててオーナメントを飾ります。

なんでそうなるの?

90度の合わせ鏡で像が3倍になる!

このツリーは切れ込みを入れた2枚の厚紙を直角にはめ込んで作るので、隣り合った鏡面は90度の〝合わせ鏡状態〟になります。90度で合わせた鏡に像が映ると、同じ像が3つ確認できます。つまり、実際に飾った数の3倍の飾りつけをしたように見えるのです。

かんたん工作！

34

木と木をこすり合わせて回すプロペラ

木の棒でこすると、なぜか先端に取りつけたプロペラがブルブルと震えだし、やがて回りだす不思議な現象が起きます。

材料

わりばし
画用紙
画びょう

道具

ナイフ
はさみ
セロハンテープ

つくりかた

❶わりばしの割れているほうをセロハンテープで巻いて開かないようにします。
❷わりばしの中心に10㎝ほどの長さでギザギザになるように溝を彫ります。
❸わりばしの割れていないほうの先端に画用紙で作ったプロペラを画びょうで留めます。
❹別のわりばしで溝の部分をこすってみると、プロペラが回ります。

第4章

「磁石」と「おもり」は自然界の2大エンジン！

35

急に逆回転を始める！

気まぐれなコマ

コマは同じ方向にクルクルと勢いよく回転するものですが、この“気まぐれ”なコマは違います。普通のコマのように回ったかと思ったら、途中から勝手に逆回転を始めるから不思議です！

材料

プラスチック製のスプーン
つまようじ
粘土

つくりかた

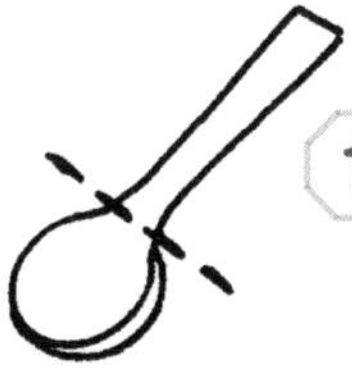

1 プラスチック製のスプーンの柄の部分を折ります。折る時にはケガをしないように気をつけましょう。

2 柄を取ったスプーンに軽く粘土を詰めます。その上につまようじを斜めに置いて、また上から粘土を詰めて固定すれば完成です。

3 指でスプーンを軽く回します。回転が止まるかと思ったころにカタカタと揺れ始め、勝手に逆回転を始めます。

なんでそうなるの？

つまようじのおかげで左右のバランスが崩れる

卵形をしたスプーンに斜めにつまようじがつけられているので、そもそもコマのようにきれいに回転ができません。摩擦で回転が止まりそうになると、左右のバランスが崩れて揺れ始め、その振動で逆回転を始めます。

36

ふらふら動くコミカルな姿

〝酔っぱらい〟空き缶

一見、ただの空き缶なのに、机の上でふらふらと踊り出します。コツは「上手に踊りを覚えさせる」ことです！

材料

空き缶（茶筒など開け閉めできるフタがあるもの）
輪ゴム…数本
4㎝程度にカットしたわりばし…3本
油粘土

道具

キリ
セロハンテープ

つくりかた

1 輪ゴムを数本つなげて真ん中にわりばしを1本結びます。そのわりばしを軸にして、粘土の玉をつけます。

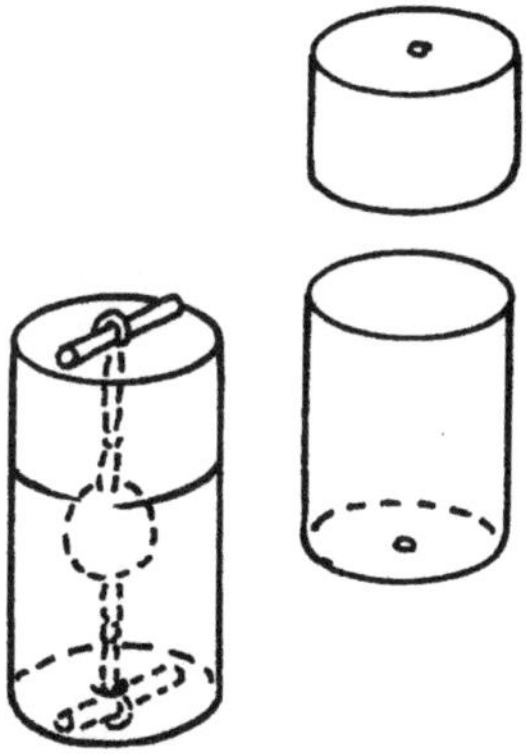

2 空き缶のフタを開けて、底とフタにキリで穴を開けます。穴に輪ゴムの両端を通し、わりばしとセロハンテープで外側から留めてからフタをします。

3 缶を横にして持ち、「今から踊りを覚えさせます」と言って20回ほど振ります。中の粘土玉を回転させるようなイメージです。それから机の上などに立ててみると、缶が踊るように動き出します。

なんでそうなるの?

粘土玉が重心を変える

缶の中に入れた粘土玉が輪ゴムの力でグルグルと回転します。すると、空き缶の重心が動いて、不規則に動くのです。

37

その回転、目にも留まらぬ早さ！

クルクル踊るバレリーナ

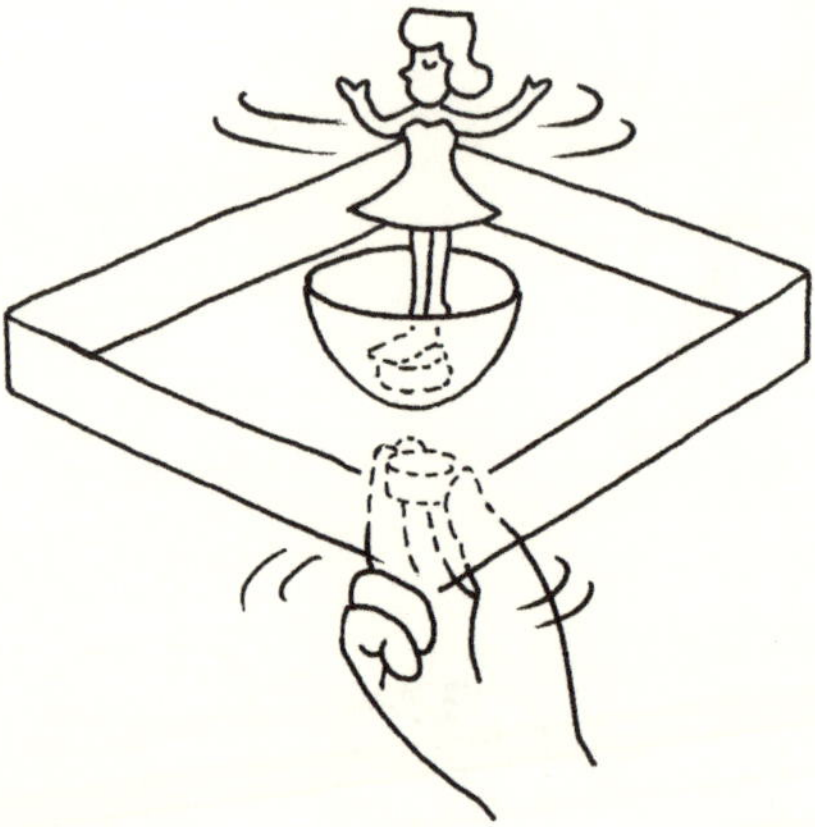

箱の舞台に立っているバレリーナに下から磁石を当ててみると、ものすごい速さで回転します。バレリーナと磁石の間には、いったいどんな力が働いているのでしょうか？

材料

磁石（フェライト磁石）…2個

ガチャガチャのカプセル

箱のフタ

画用紙

道具

セロハンテープ

マジックペン

はさみ

つくりかた

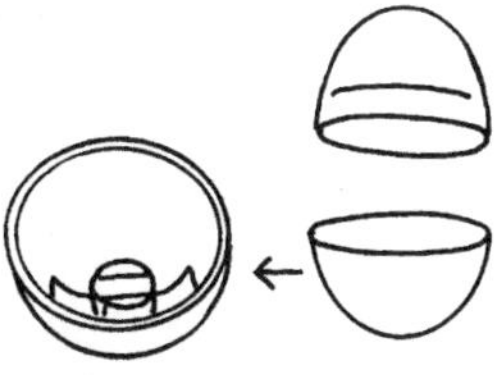

1 ガチャガチャのカプセルの内側に、セロハンテープで磁石を１つくっつけます。

2 画用紙を２つ折りにして、踊っているバレリーナの絵を両面に描き、はさみで切り取ります。

3 ②を①の磁石の上に置いてセロハンテープで固定します。箱の下から磁石が引き合うように持って回すと動きます。

なんでそうなるの？

摩擦の差で回転運動が起こる

ガチャガチャのカップは底が丸くなっていて、平らな場所に置くとバランスが安定しません。このカップの底に磁石をつけて箱の上に置き、下から磁石を当てると、カップと箱の接点が斜めになって左右に摩擦の差が生まれます。この摩擦の差でカプセルは回転するのです。

38

不思議なマジック振り子

3つのうちなぜか動くのは1つだけ？

わりばしにぶら下げられた長さの違う3種類の振り子。まるでマジックみたいに、そのうちの1つだけを手で触らずに動かすことができますよ！

材料

5円玉…3枚
糸
わりばし

つくりかた

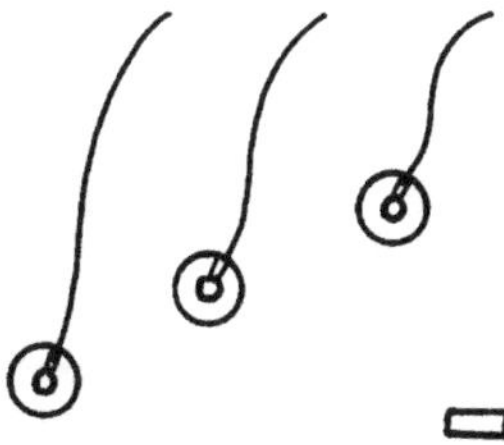

1 「長い糸」「短い糸」「中くらいの糸」と、長さの違う糸を3本用意し、糸の先に5円玉を結んで長さの違う3種類の振り子を作ります。

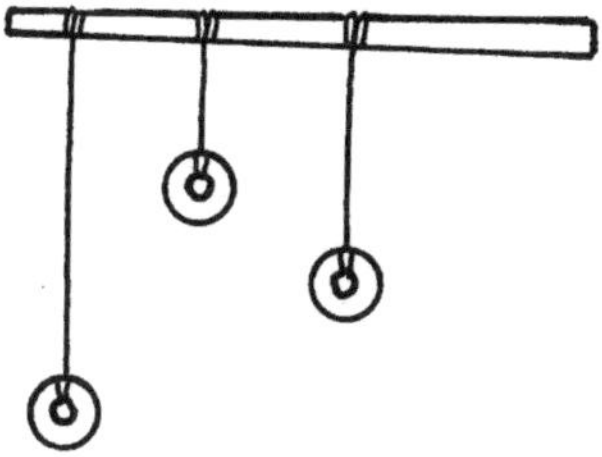

2 3種類の振り子を1本のわりばしに間隔を開けて結びます。

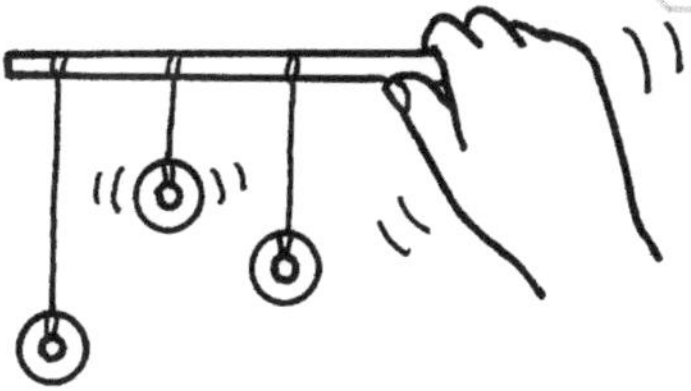

3 わりばしを水平に持ちます。振り子には手を触れず、わりばしをほんの少し振動させると、3種類の振り子のうちの1つだけが揺れ始めます。ほかの振り子を揺らしたい時は、わりばしの振動を強めたり弱めたりしてみましょう。

なんでそうなるの？

長い糸はゆっくりと、短い糸は速く揺れる！

わりばしを振動させたエネルギーが伝わることで振り子は揺れ始めます。しかし、振り子には糸の長いものはゆっくり揺れ、短いものは速く揺れるという性質があるので、3つの振り子が同時に揺れることはありません。その振動に合った振り子だけが揺れます。

39

普通の縫い針が磁石に変わる

手作りコンパス

磁石と鉄の性質を利用して、コンパスを手作りしてみましょう。ここでは針を磁石としましたが、クギやクリップなどの鉄製のものなら磁石にすることができます。

材料

縫い針…2本
厚紙（6×8㎝）
大きめの広口ビン
わりばし
糸

道具

棒磁石
セロハンテープ
マジックペン

つくりかた

1 厚紙を２つに折り、折れ線の真ん中に糸を１本通します。

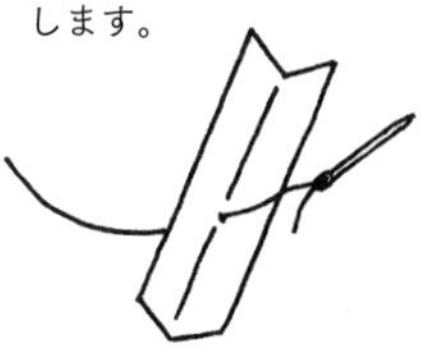

2 針穴のほうから針先へ、同じ方向に12回、針を磁石のＮ極にこすりつけます。もう１本の針も磁石にこすりつけます。

3 同じ方向に針先を向けて、①の厚紙に②の針を平行に貼りつけます。

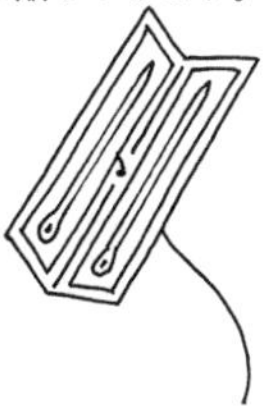

4 厚紙を閉じたら、針先があるほうに「N」と書き、糸をわりばしにくくりつけます。この時、糸の長さは5㎝以上にならないようにしましょう。

5 厚紙がビンの壁に当たらないように、わりばしをビンの口に渡します。

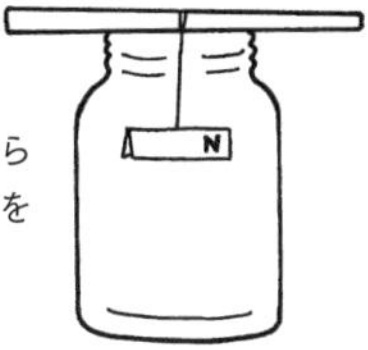

なんでそうなるの？

磁石で内部の磁場の極を整列させる

針はもともと磁気性を帯びた素材でできていますが、針の内部にあるミクロの磁場では、S極とN極がバラバラの方向を向いています。しかし、磁石で針を一定方向にこすると、極の方向を揃えることができ、針が磁石になるのです。

40

スーパーなスーパーボール

高く！　速く！　ビュン！

ピョンピョンと跳ねるのが楽しいスーパーボール。3つをお団子のように棒に刺して落とすと、一番上のスーパーボールが弾丸のようなスピードで空高く跳ね上がります！

材料

スーパーボール大・中・小…各1個
金属棒…直径1.2㎜程度
使い終わったボールペンの芯…内径1.5㎜程度

道具

電動ドリル（1.0㎜と2.5㎜の刃を用意）
木の板

つくりかた

1 電動ドリルに1.0㎜の刃をつけ、一番大きいスーパーボールに穴を開けます。穴は貫通させず、半分より少し先のところまでにします。電動ドリルを使う時には、木の板などにビニールテープでスーパーボールをしっかり固定してください。こうすると、スーパーボールが動かず、ケガをしにくくなります。

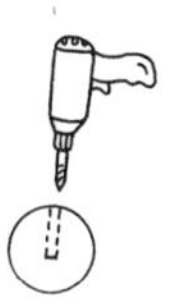

2 電動ドリルの刃を2.5㎜につけ替えて、中と小のスーパーボールに穴を開けて貫通させます。

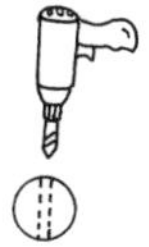

3 中と小のスーパーボールの穴に、ボールペンの芯を差し込みます。ボールペンの芯はあらかじめスーパーボールの直径より少し短めにカットしておき、芯がスーパーボールからはみ出さないように入れます。

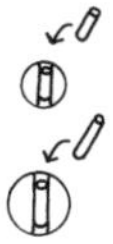

4 大のスーパーボールに金属棒をしっかり差し込んで心棒にします。この心棒に中と小のスーパーボールを順番に通します。ボールペンの芯が入れてあるので、金属棒を通す時に、摩擦が少なくスムーズに通るはずです。

5 金属棒を持って、垂直に地面に落とします。小のボールがものすごい勢いで、跳ね上がります。落とす時に真上から覗き込んでいると、顔に当たってケガをするので、横から観察するようにしましょう。

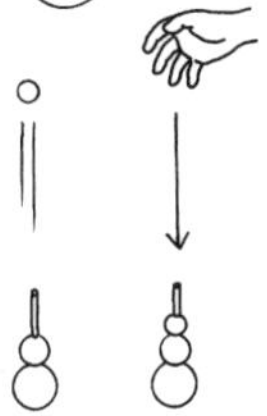

なんでそうなるの？

小が大と中の衝撃をすべて受ける！

一番下にある大のスーパーボールが床と衝突して跳ね上がり、その上にある中と衝突します。中は、大が床に衝突した時よりも大きな力を受けて跳ね上がり、その上にある小と衝突します。小は、大と中のボールが受けた衝撃をすべて受けて高く跳ね上がります。

41

殻に乗ってよちよち動く

かわいく動くひよこちゃん

卵の殻に入ったひよこに磁石を近づけてみると…あら不思議！　まるで、ひよこが踊っているようです。上手に踊らせるためには、手に持った磁石を少し斜めにするのがコツです。

材料

半分に割った卵の殻（底が尖っていないほう）
黄色い画用紙
磁石（フェライト磁石）…2個

道具

はさみ
マジックペン
両面テープ

つくりかた

1 画用紙に、卵の殻に入る大きさのひよこの絵を描き、両面テープで磁石の上にくつけます。

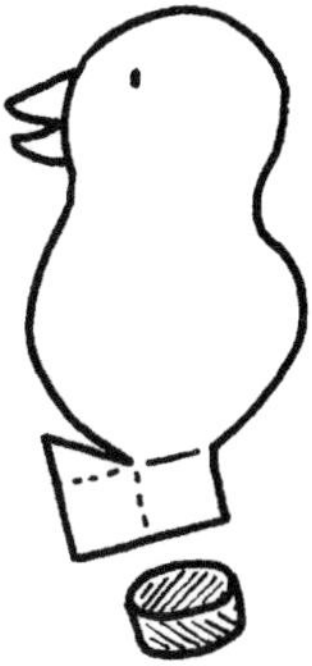

2 ①を卵の殻の中に入れます。

なんでそうなるの？

磁石の反発と丸い卵の形がポイント

　磁石のN極にN極、S極にS極を近づけると、固定されていない磁石は反発してどんどん逃げていきます。この工作もその磁石の反発を利用しているのですが、ひよこに近づける磁石を斜めに持つことで磁石の重心がずれるので、クルクル回りながら逃げるのです。

42

バネばかり

身近なモノの重さが測れる！

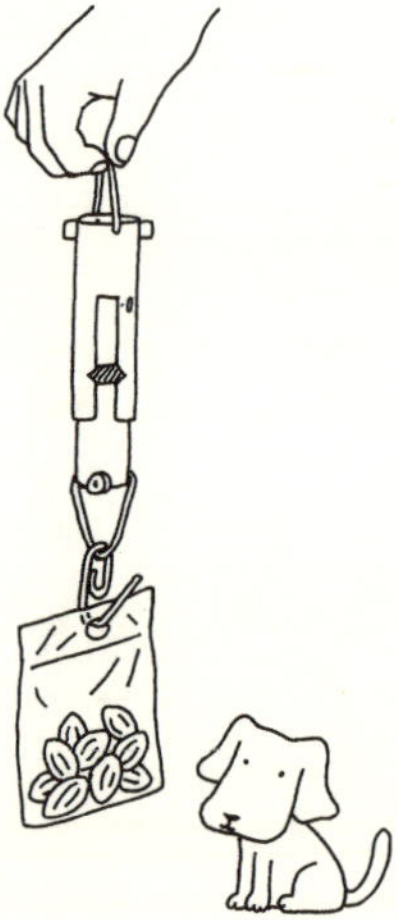

体重計や、料理をする時に使うキッチンスケールなど、身のまわりには重さを量るものがたくさんあります。そのはかりを、バネと紙の筒で作ることができます！

材料

太さの違う紙の筒、モール、
バネ、色画用紙、
竹串、ゼムクリップ、
たこ糸、ポリ袋

道具

セロハンテープ
はさみ

つくりかた

1 太さが異なる紙の筒にそれぞれ穴を開けてモールを通します。

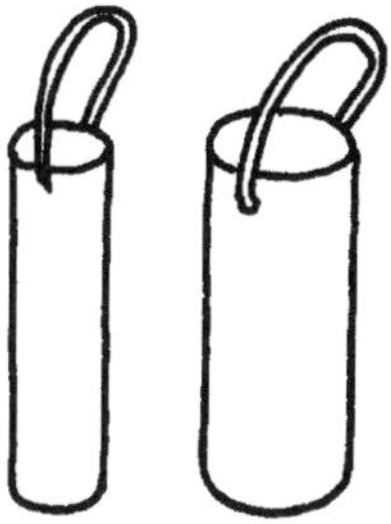

2 それぞれの筒に切り込みを入れて、竹串を筒の大きさに合わせてはめ込みます。

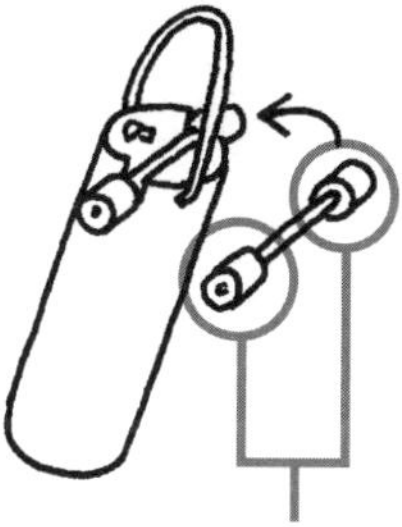
竹串の両端を
セロハンテープ
で巻く

3 太いその筒は図のように切り取ります。

ここを切り取る

4 バネの両端にタコ糸を通して、細い筒の竹串にタコ糸をかけてバネを筒の中に入れます。

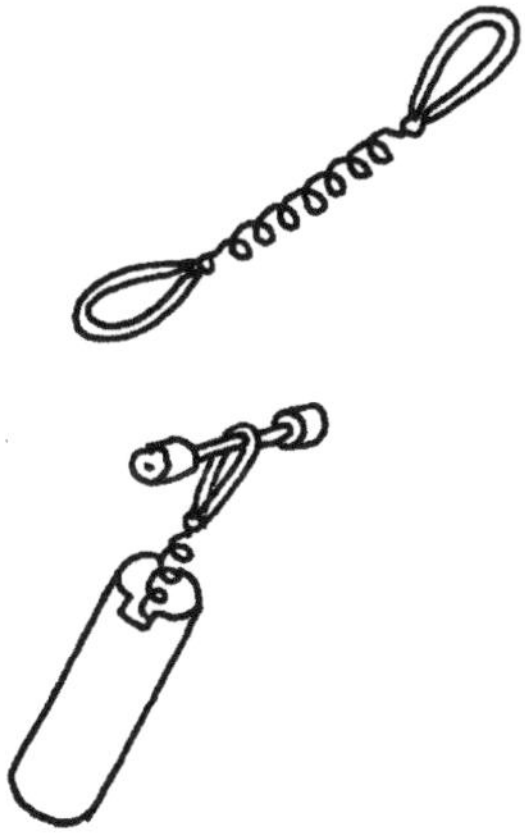

5 ④を太い筒の中に入れ、タコ糸を出して竹串に通します。すると、図のような仕組みになるので、ゼムクリップを曲げて下に取りつけます。

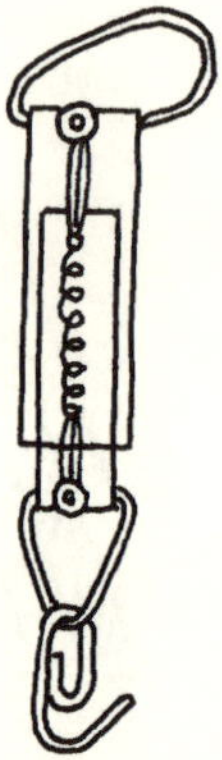

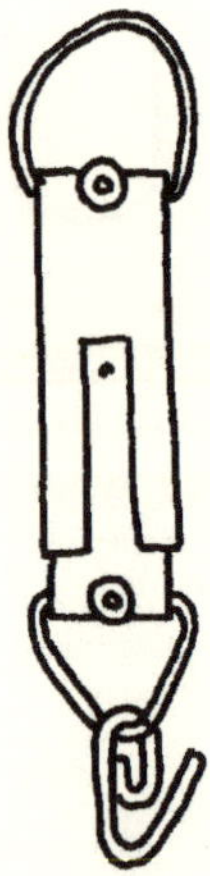

6 まず、ゼロの位置に印をつけます。

7 ここで、いったん竹串をはずしてバラバラにします。そして、色画用紙を図のように折り、細い筒のゼロの位置に貼りつけます。

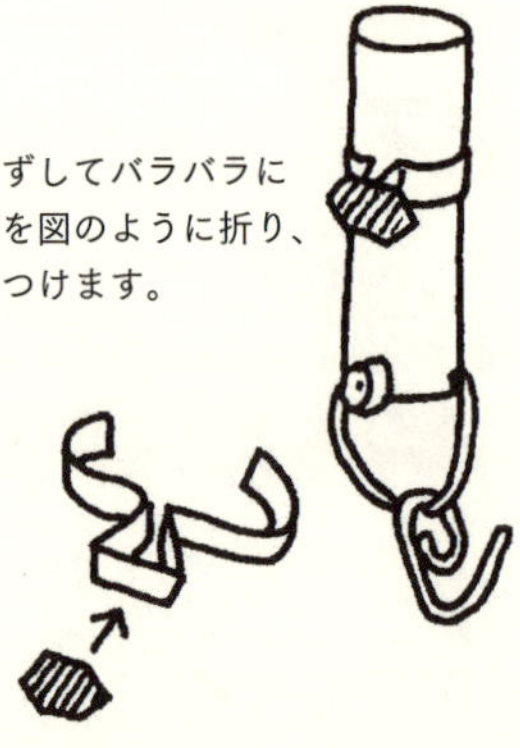

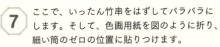

8 ポリ袋を取りつけて水を50g ずつ入れながら目盛りを書き込みます。

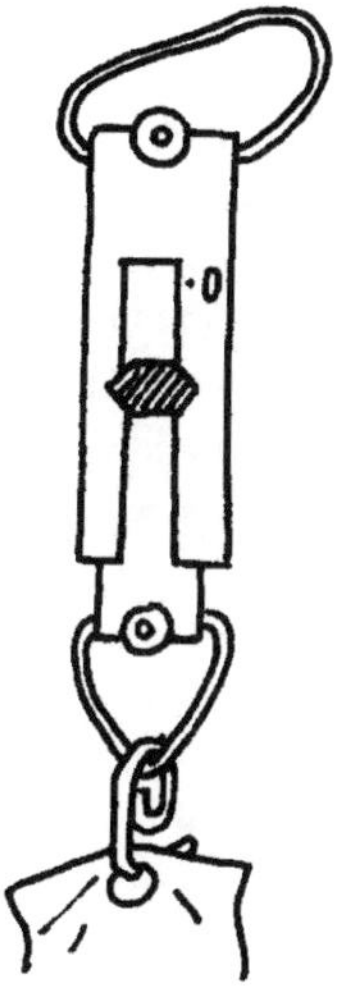

なんでそうなるの?

バネが重力に比例して伸びる

量るものを吊るすと、バネが重力に比例して伸びることで重さを量ることができるのが、バネばかりです。重いものを量るなら太くて伸びないバネを使い、手紙のような軽いものなら簡単に伸びる小さなバネを使います。

かんたん工作！

43

洗濯のりからできる手作りスーパーボール

洗濯のりと食塩という身近な材料で、ポンポンと
弾むスーパーボールを手作りしてみましょう。
好きな色の絵の具を混ぜて色とりどりの
スーパーボールを作るのも楽しいですね。

材料

洗濯のり（ＰＶＡが入っているもの）30mℓ
食塩 10 g
絵の具
プラスチックのコップ

道具

わりばし
キッチンペーパー

つくりかた

❶プラスチックのコップに入れた洗濯のりの中に絵の具を混ぜ、わりばしでよくかき混ぜます。
❷❶に食塩を入れて、さらにわりばしでよくかき混ぜます。
❸固まってきたら、好きな量を取ります。キッチンペーパーで水分を拭き取りながら手で丸め、ギュッギュッと握って固めたら完成です。

第5章

熱・風・冷気…「自然」のエネルギーを活かしきる

44

風に乗って上昇する！

ヘリコプター・ゴマ

ちょっとしたコツを使ってストローで息を吹きかけると、クルクルと回るだけでなく、ヘリコプターのように回転しながら空中にふわりと浮かぶ不思議なコマです。

材料

薄いプラ板（コンビニ弁当のフタなど）
ストロー

道具

方眼紙、定規、
細字のマジックペン、
はさみ、ボールペン

つくりかた

1 定規を使い、方眼紙に1cm幅の十字を描きます。

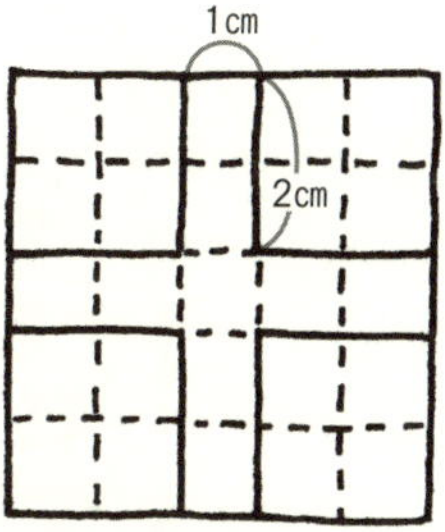

2 ①の上にプラ板を置いて十字の形を描き写し、丁寧に切り取ります。

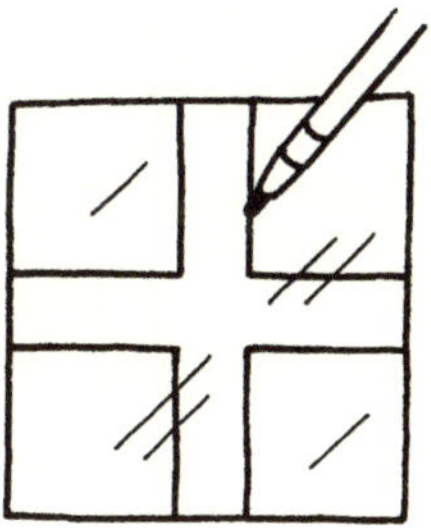

3 中央の正方形の中心に、ボールペンの先でくぼみをつけます。

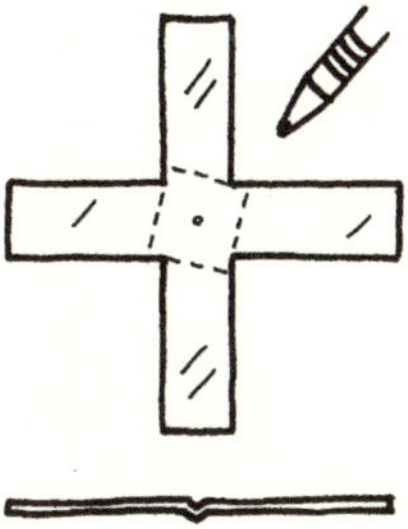

4 4枚の羽根を少し角度をつけて、同じ方向に折り上げます。

なんでそうなるの？

押し下げる力が一瞬で消えると上昇する

このコマは、中心のくぼみに向かって真上からストローで吹いて回します。この時、羽根が空気を押し下げる力の反作用でコマを上昇させる力が働くので、くぼみに息を吹きかけた瞬間に息を止めると、押し下げる力がなくなってコマが回転したままふわりと浮きます。

45

動力は風じゃなくて〝コップをかぶせる〟こと?

無風で回る風車

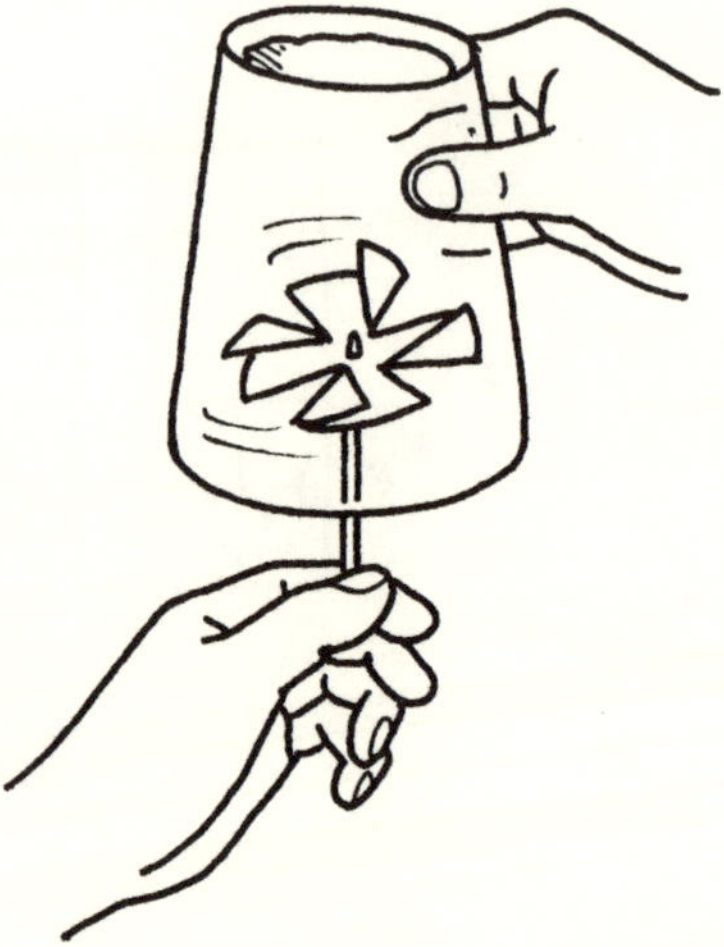

コップをかぶせると風を送っているわけでもないのに、折り紙で作った風車がゆっくりクルクルと回りだします。風車を回しているのは、自分の手から発せられている、あるものです。

材料

折り紙
つまようじ
プラスチックの透明コップ

道具

はさみ
鉛筆

つくりかた

1 折り紙にプラスチックコップの底を当てて円を描き、はさみで丸く切り取ります。

2 切り取った折り紙を4つ折りにして、折れ線に沿って4カ所に切れ込みを入れ、図のように折り曲げます。

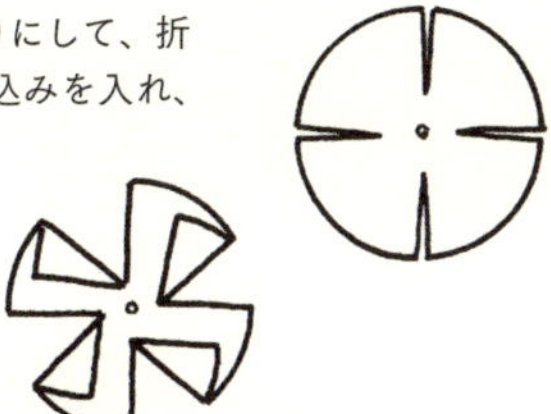

3 つまようじを手に持って、先に風車をそっと乗せます。

4 プラスチックのコップの底を切り取ってかぶせます。

なんでそうなるの？

体温で空気が温められて、空気の流れができる

手に持った風車にカップをかぶせると回りだすのは、上昇気流が起こるからです。手の体温で温められた空気は軽くなってカップの中に上がっていき、手元には新たな冷たい空気が流れ込んできます。この空気の移動の連続が、風車を回す力になっているのです。

46

命が宿る熱気球

時間が経つと〝ひとりでに〟浮き上がる

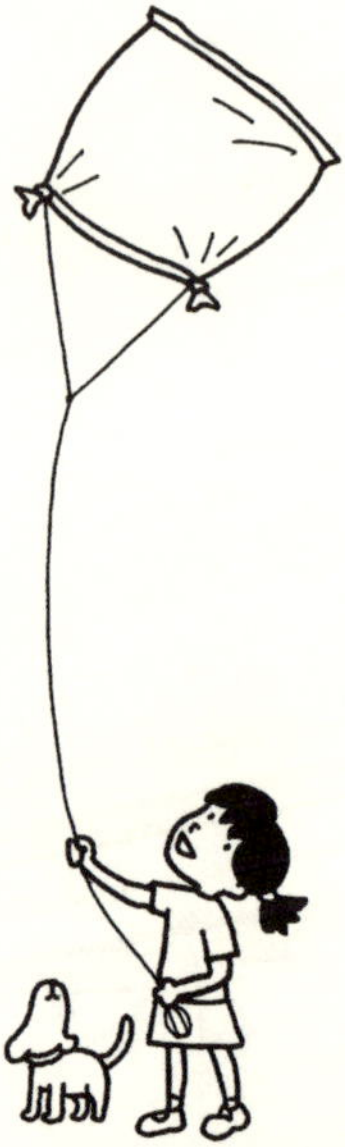

暖かい太陽の光が当たるところに置いておくと、自然にふんわり浮かび上がってくる不思議なポリ袋の気球。真っ黒なポリ袋の中でいったい何が起こっているのでしょうか？

材料

黒いポリ袋
たこ糸

道具

足ぶみポンプ
セロハンテープ

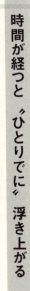

つくりかた

1 ポリ袋の口の両端にたこ糸をしっかりつけます。

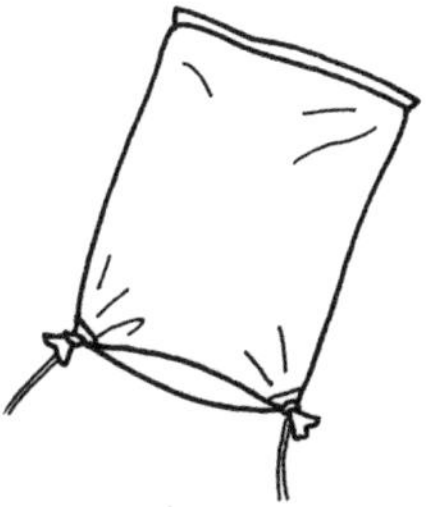

引っ張っても簡単にはずれないように結ぶ。

2 気温の低い朝のうちに空気をポリ袋に入れます。

3 空気が抜けないように注意しながら、端を１㎝ほど残してポリ袋の口をセロハンテープで閉じます。

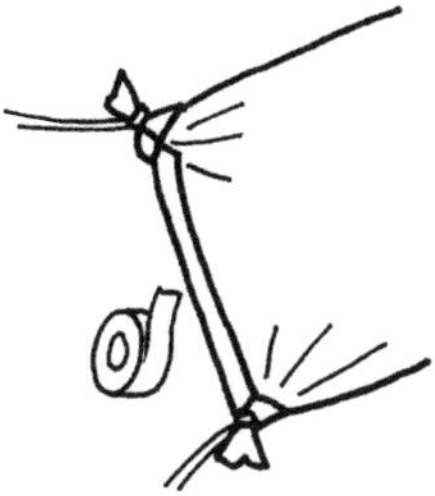

4 口の端の穴にポンプをさし込み、８分目くらいまで空気を入れて完全に口を閉じます。

なんでそうなるの?

温められた空気は軽くなる

空気は温められると膨張する性質があるので、黒いポリ袋に日光が当たると袋の中は温かい空気でふくらみます。また、袋の中の温かい空気は周囲の空気よりも軽いので、ふわふわと浮かぶのです。実験する時は、ポリ袋が電線に引っかかると大変危険なので、広い場所で行ってください。

47

キラキラ輝き、まるでクリスタル！

溶けない樹氷

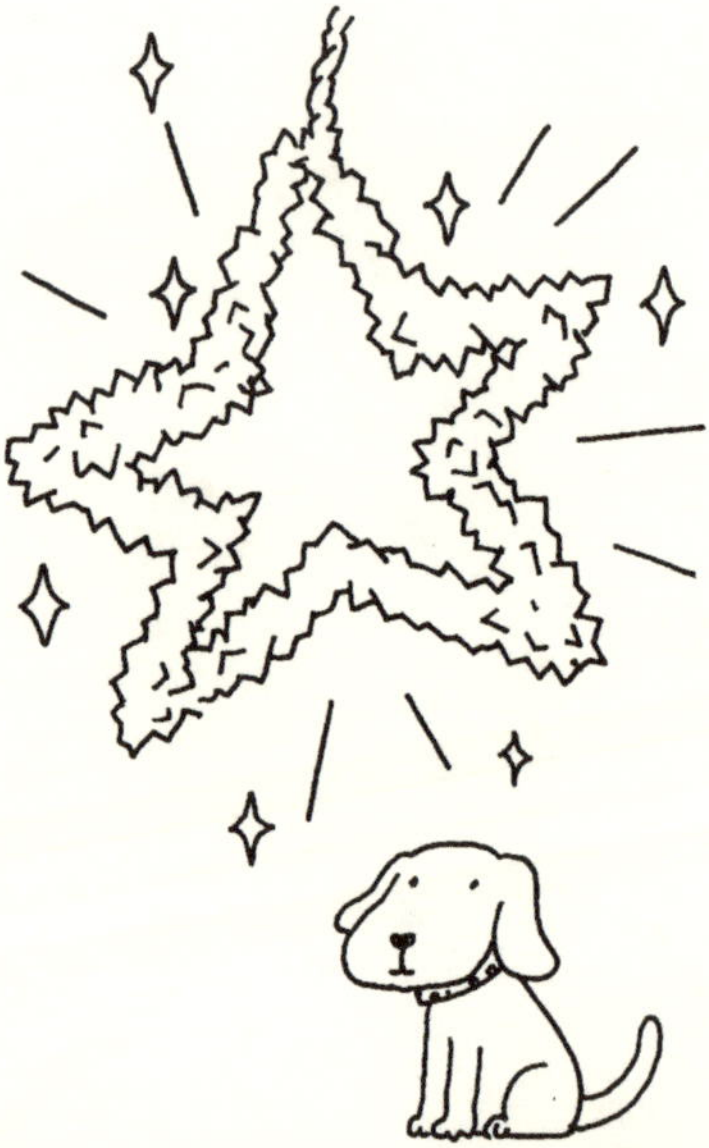

極寒の地でできる樹氷は、キラキラと輝くクリスタルのようです。そんな樹氷の輝きを再現する工作です。

材料

カリウムミョウバン…500g
モール
わりばし

道具

水300cc、たこ糸、
鍋、500mlの容器、
おたま

つくりかた

1 モールを曲げて、好きな形を作ってください。そのモールをたこ糸に結んで、わりばしにつなげます。

2 鍋に水を沸騰させ、弱火にしてからミョウバンを入れて、できるだけ多く溶かします。鍋の底に溶け残りがあるくらいに溶けたら、火を止めます。

3 上澄みの液をすくって容器に入れ、モールを沈めます。

4 沈めたらすぐ引き上げて少し乾かし、結晶のタネを作ります。

5 再びモールを液に浸し、数時間そっと置いておきます。

なんでそうなるの？

結晶のタネを作るとミョウバンがくっつく

ミョウバンは一定の温度で水に溶け、温度が下がると徐々に飽和していきます。最初に結晶のタネを作ることで、その周りに飽和したミョウバンがくっつきやすくなり、樹氷のようになります。

48

あっという間にジュースが冷える！

急速冷凍マシーン

冷やすのを忘れていた缶ジュースを氷水の中でクルクル回すと、ほんの数分で冷え冷えの缶ジュースに大変身！　お父さんの缶ビールを冷やしてあげれば大喜び間違いなし！

材料

小型マッサージ器、輪ゴム、
ペットボトル（2ℓ）、わりばし、
プッシュピン

道具

ビニールテープ
接着剤
氷と水
カッターナイフ
ペンチ
キリ

つくりかた

1 プッシュピンの針をペンチで抜き、キリで穴を少し広げます。小型マッサージ器の頭部を取り、モーター軸の先にあるおもりも取ります。そこにプッシュピンに接着剤をつけてはめ込みます。

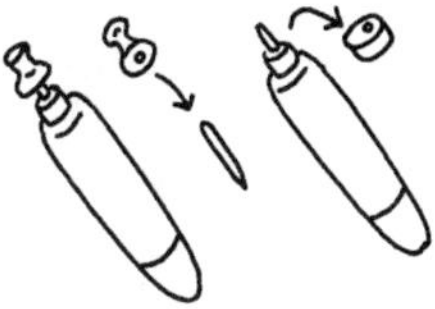

2 ペットボトルにカッターナイフで切れ込みを入れて、図のように内側に折り込みます。さらに穴を2カ所開けます。

3 小型マッサージ器をわりばしにビニールテープで固定します。缶ジュースとプッシュピンに輪ゴムをかけます。

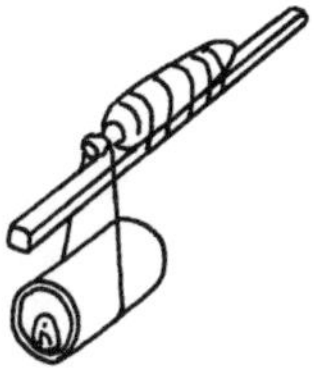

4 ペットボトルに氷と水を入れて、わりばしを穴に刺して缶を氷水に入れます。小型マッサージ器のスイッチを入れると缶が回転し始めます。

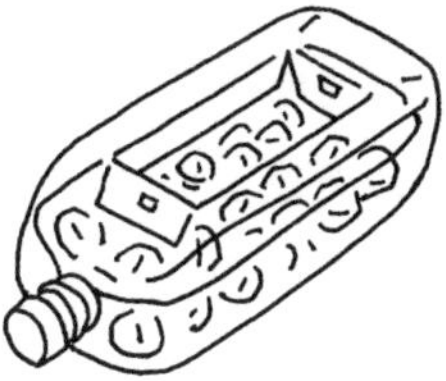

なんでそうなるの?

回転させると〝ぬるいジュース〟の熱が奪われる!

温度の高い水は上に、低い水は下にたまります。そのため、冷やされたジュースは缶の下のほうにたまるので全体が冷えるまでには時間がかかります。そこで、缶を回転させると、缶の中のジュースが外側の氷水に触れてどんどん熱が奪われて、冷えていくのです。

49

水位で気温がわかる!

ストロー温度計

水銀の温度計のように、気温が上がればストローの中の水位が上がり、気温が下がれば水位も下がるので気温の変化が一目瞭然。気温が低い時に作ると変化がよくわかります。

材料

口の狭いビン
長めのストロー
粘土
インク
水

つくりかた

1 水とインクを混ぜた色水を、ビンに3分の1程度入れます。

2 ビンにストローを差し、粘土ですき間を埋めます。

なんでそうなるの?

空気の「膨張」と「収縮」で変化する

空気は温まると膨張し、冷えると収縮する性質があります。そのため、外気温が高くなってビンの中の空気が膨張すると、色水が空気に押されてストローの中に逃げだします。だから、ストロー内の水位が上昇するのです。

50

影の位置から時間がわかる

かんたん日時計

昔の人が時刻を知るために使っていたのが、日時計です。厚紙を使った日時計を作って、太陽の１日の動きとその時刻を観察してみましょう。

材料

厚紙
箱（紙の空き箱）
棒（もしくはストロー）

道具

コンパス
はさみ
のり
マジックペン
セロハンテープ

つくりかた

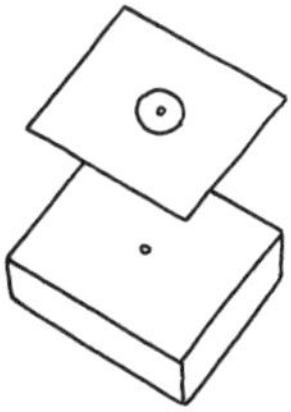

1 コンパスで厚紙に円を描き、中心に印をつけ、箱にのりで厚紙を貼りつけます。この時、箱にも円の中心部分にコンパスで穴を開けておくといいでしょう。

2 もう1つ、半径2㎝くらいの小さい半円を描いて切り取ります。この半円を丸めてセロテープで留め、円すい形にします。できた円すいを真っすぐに棒の先にかぶせ、セロテープで貼りつけます。

3 ①で作った厚紙の円の中心に、②で作った円すいつきの棒を差し込んで立てます。箱が台になるので棒は倒れにくいはずですが、倒れそうな時はセロハンテープでさらにしっかりと固定するといいでしょう。

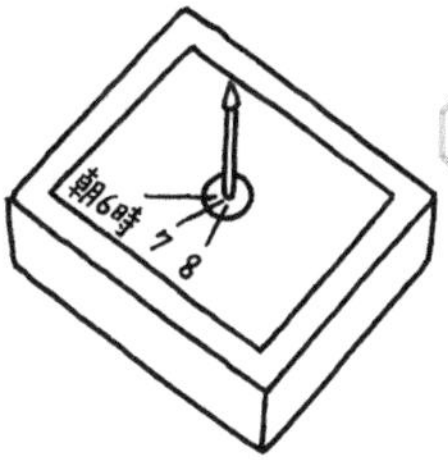

4 晴れた日に、1日を通して日陰ができない場所に置きましょう。朝6時、7時、8時など、1時間おきに影の先を観察し、厚紙にマジックペンで時刻を書き込みます。

なんでそうなるの？

季節で変わる太陽の通り道

日時計は太陽の動きによって変わる影の位置を利用して時刻を知る道具です。しかし、太陽の通り道（高さ）は季節によって変わるので、日時計が示す時刻にも差が出てきます。季節によって太陽がどう動くのか、その違いを観察してみるのもいいでしょう。

51

セロハン湿度計

セロハンの伸び縮みで湿度が一目瞭然！

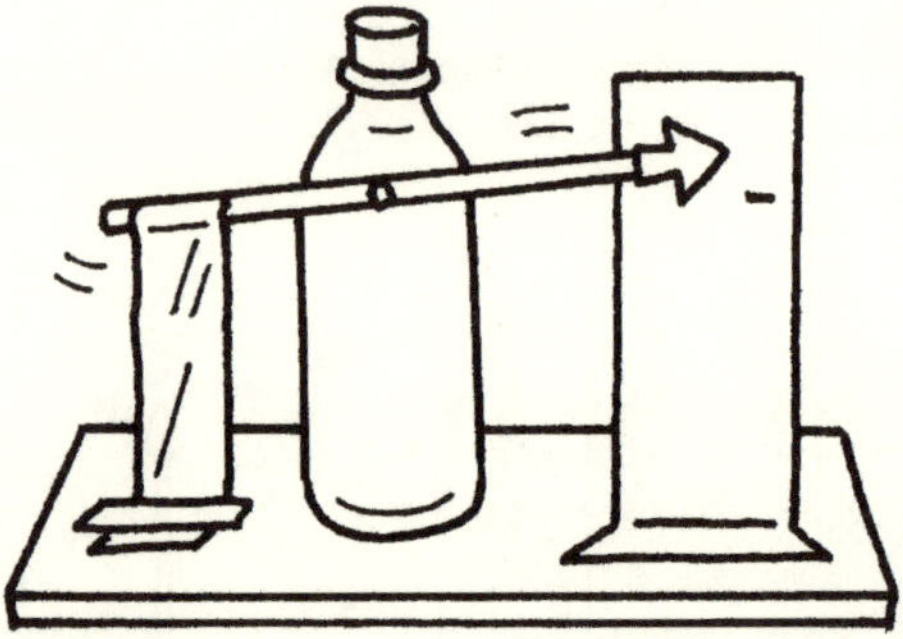

風邪の大敵といえば、空気の乾燥です。この湿度計を置いておけば、部屋の湿度がひと目でわかりますよ。

材料

ペットボトル
セロハン（幅3×15㎝）
ストロー
押しピン
板
厚紙

道具

はさみ
赤のマジックペン
セロハンテープ

つくりかた

1 ストローの端にセロハンを巻きつけ、もう一方の端に矢印をつけます。

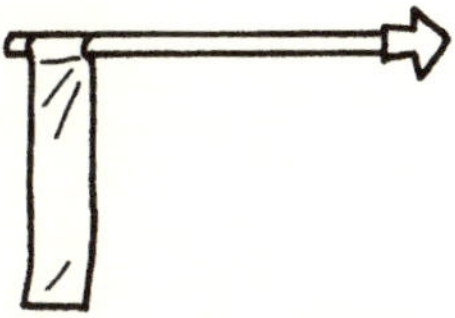

2 ストローの真ん中に押しピンを差し、ペットボトルに留めます。

3 ペットボトルを板に固定し、ストローが水平になるようにセロハンの先を板に貼ります。

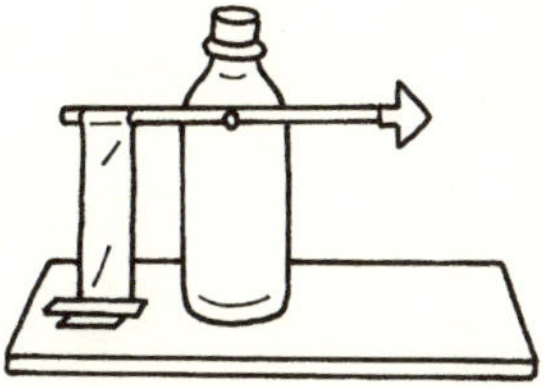

4 厚紙に水平の線を描いて、カットしたストローの先と高さを合わせて固定します。

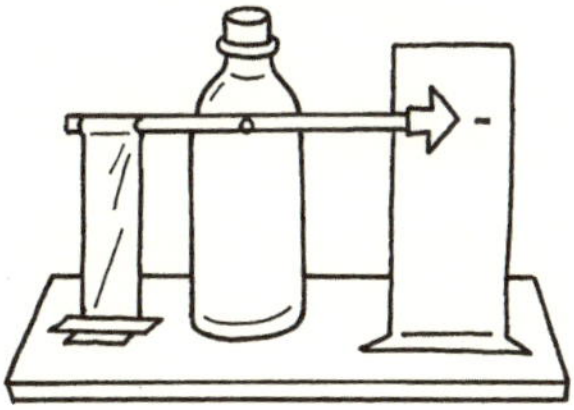

なんでそうなるの?

セロハンの伸び縮みを利用している

セロハンは湿気を吸収すると伸びて、乾燥すると縮むという性質を持っています。そのため、湿度が高いとセロハンが伸びて矢印は下がり、逆に乾燥していると上を指し示すのです。

52

風に乗ってクルクル回る

ペットボトルで風車

飲み終わったペットボトルと針金ハンガーで作る風車。最後にビニールテープやシールを貼れば、カラフルな風車の完成です！

材料

ペットボトル
針金ハンガー

道具

カッターナイフ
キリ
ペンチ

つくりかた

1 ペットボトルの底とフタに、キリで針金ハンガーが通る穴を開けます。

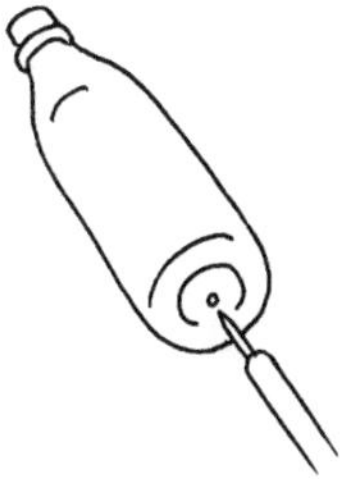

2 ペットボトルを図にある点線のように切り取り、斜めに折り曲げて6枚の羽根を作ります。

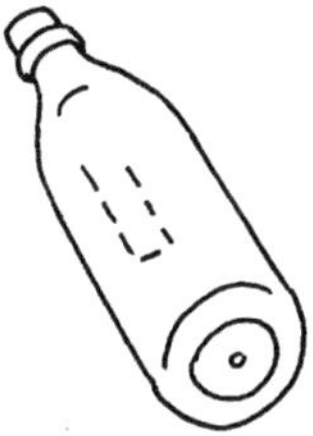

3 針金ハンガーをペンチを使って真っすぐにしたら、ペットボトルに通します。

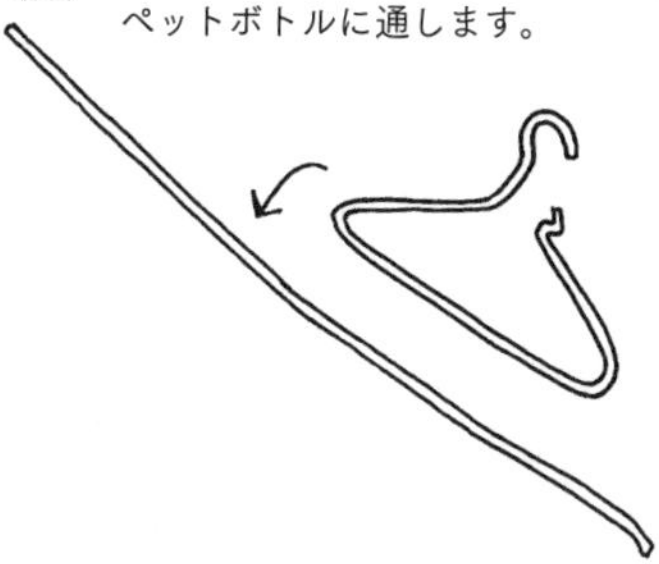

4 ペットボトルの底から出た針金は曲げて抜けないようにし、蓋のほうも曲げて風車を設置する場所（ベランダの手すりなど）に固定します。

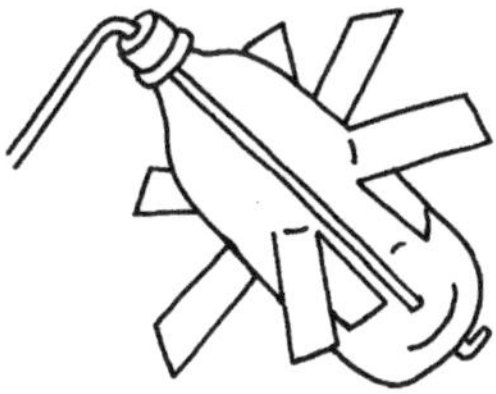

なんでそうなるの？

風力を旋回する力に変えている！

風車は風の力を旋回する力に変換して回ります。その方法は抗力型と揚力型があり、風がものに当たることによって押す力が発生するのが抗力、持ち上げる力を揚力といいます。プロペラを回す方法は揚力型です。

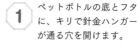

53

コップの中のお湯の温度がひと目でわかる

ピンポン玉の温度計

ピンポン玉とストローだけで水の温度が一目瞭然！　色水を使えばきれいな温度計のできあがりです。

材料

ピンポン玉
ストロー
絵の具
水
コップ

道具

ボウル
キリ
ピペットまたはスポイト

つくりかた

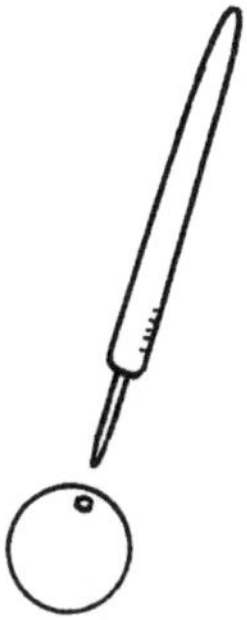

1 キリでピンポン玉にストローが入る大きさの穴を開けます。

2 好きな色の絵の具を水に溶いて、色水を作り、ピペットを使ってピンポン玉の半分くらいまで色水を入れます。

3 穴にストローを差し、お湯や水につけてみましょう。温かいとストローの中の水位が上がるのが見えるはずです。

なんでそうなるの？

ピンポン玉の内部の空気が温められて膨張する！

お湯の中に入れるとピンポン玉の内部の空気が温められて膨張します。すると、ピンポン玉の中から水が追い出されてストローの中に入ります。その結果、ストローの中の水面が上がるのです。

54

略式・星座早見盤

傘を広げれば夜空の星座がパッとわかる

午後８時の北の方角に透明ビニール傘をパッと広げたら、そこはまるでプラネタリウム。星座の位置や名前がひと目でわかり、天体の動きも確認できます。

材料

透明ビニール傘

全天星座盤

たこ糸…70㎝

おもり（ナットなど）

道具

ぞうきん

マジックペン

つくりかた

1　傘の骨からビニールをはずします。

ビニールの表面をぞうきんで拭いて乾かしておく。

2　星座盤を傘の大きさくらいまで拡大コピーし、その上に傘のビニールを乗せてマジックで星座と日付目盛りを描き写します。

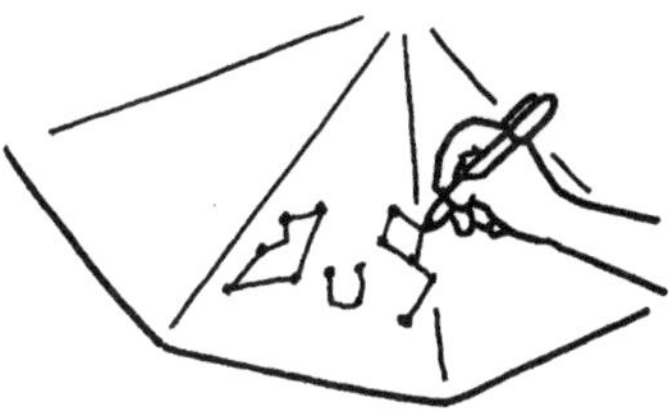

3　ビニールを傘の骨に戻し、傘の先にたこ糸でナットのおもりをつけます。

4　北極星の方向を向けて傘をさし、たこ糸が今日の日付を指し示したら、ビニールに描いた星座と重ねて空を観察します。

なんでそうなるの？

天体マップの中から星空を見上げる

　星座盤は、北極星を中心に星座の位置を記した天体マップのようなものです。その天体マップを書き写した傘の中から星空をのぞいてみると、簡単に星座を見つけることができるのです。

55

ストロー気圧計

上下する色水が気圧を教えてくれる

天気のいい日はストローの中の水位が上がり、雨が近づくと水位が下がります。天気予報などで毎日、耳にする「高気圧」や「低気圧」が実感できる装置です。

材料

小さめのペットボトル
透明のストロー
油粘土
インク
水

道具

キリ
プラスのドライバー

つくりかた

1 キリとドライバーで、ペットボトルのフタにストローが通るサイズの穴を開けます。

2 フタの穴にストローを通して粘土ですき間をふさぎます。

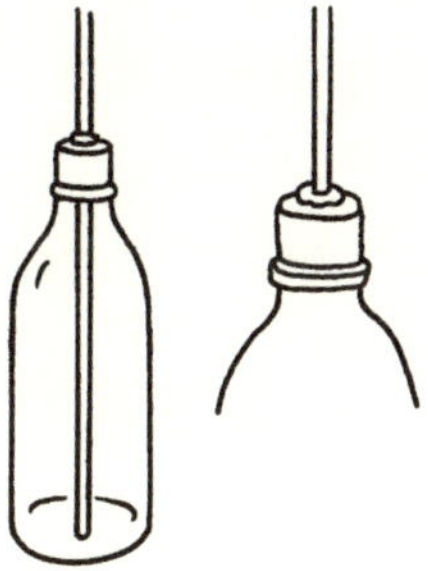

3 ペットボトルの3分の1くらいまで水で薄めたインクを入れ、固くフタをします。

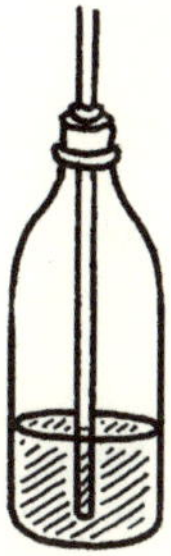

4 ストローから静かに少しだけ息を吹き込み、ストローの中に水を上げます。

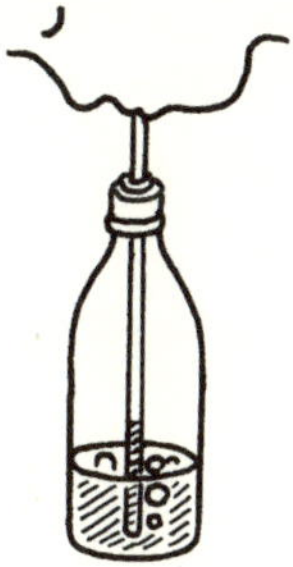

なんでそうなるの?

空気の圧力でストローの中の水位が上下する

気圧とは、「空気の圧力」のことです。気圧が高くなるとペットボトルが空気に押されて密閉されたペットボトルの中の気圧が高まります。すると、空気の圧力で、ストローの中の色水の水位が上昇するのです。逆に、気圧が低くなるとストローの水位は下がります。

56

電子レンジでチン！

超速押し花

ふつうに作れば、花が乾燥するまでに1週間ほどかかる押し花作り。でも、電子レンジを使えば、そんな時間もかからずに、あっという間にきれいな押し花の完成です！

材料

花
段ボールなどの厚紙…2枚
タイル、または耐熱皿…2枚
ティッシュペーパー
輪ゴム、またはガムテープ

道具

電子レンジ
軍手

つくりかた

1 ティッシュペーパーに、押し花にしたい花や草をはさみます。

2 ティッシュペーパーにはさんだ花を上と下から厚紙ではさみ、さらにその厚紙をタイルではさんで輪ゴムで留めます。

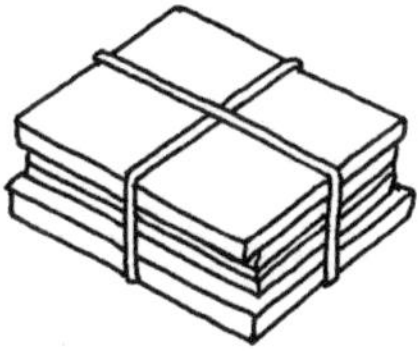

3 電子レンジで30秒間〜2分間程度加熱します。
※電子レンジのワット数や花の種類によっては焦げる場合もあるので、少しずつ時間を調整するといいでしょう。

4 加熱し終わったら、ヤケドをしないように軍手をはめて取り出しましょう。花の水分がきれいに抜けていたら完成です。乾燥していなかったら、時間を調整してもう一度電子レンジにかけます。

なんでそうなるの？

ラップを使わないと、カラカラになる

電子レンジは、電磁波によって食品の中に含まれる水の分子にエネルギーを与えて加熱する調理器具です。ラップフィルムで覆わないで加熱すると、水分が沸騰して蒸発します。花の水分もこの原理で蒸発するので、短時間で乾燥するのです。

かんたん工作！

57

プラコップで作る世界にひとつのボタン

プラコップを利用すれば、
世界に1つのオリジナルボタンができます!
ポーチやかばんにつけたり、
アクセサリーにしてもかわいいですよ。

材料

プラコップ
マジックペン
細いくぎ２～４本
アルミ箔

道具

はさみ
トースター

つくりかた

❶プラコップの底を丸く切り、マジックペンで好きな模様を描いて色を塗ります。

❷❶にくぎの頭を下にして５㎜程度の間隔で刺します。

❸アルミ箔を４枚ほど重ねてから❷を置き、オーブントースターで加熱します。プラスチックが熱で縮んだら取り出して、アルミ箔をかぶせて平らにならします。くぎが熱くなっているのでやけどしないように注意しながら、くぎを抜いて完全に冷まします。

第6章

幻想的で美しい「光」と「電気」のイリュージョン

58

光の花火

無数の光の束が織りなす美しさ

光の糸を束ねたら、まるで花火で作った花束のようになりました。部屋に飾ったり、プレゼントしても喜ばれるかも！

材料

釣り糸…5mくらい(20号くらいの太いもの)

LEDライト

道具

ドライヤー

はさみ

ビニールテープ

つくりかた

1 釣り糸をカットします。束ねた時に不揃いの束になるように、10㎝から30㎝程度でバラバラにします。

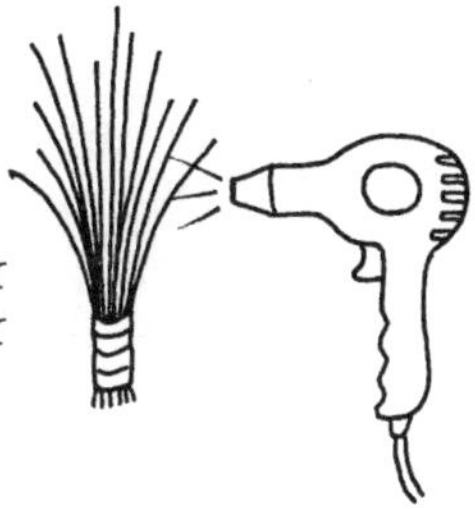

2 カットした釣り糸の片端をそろえて束ねます。ドライヤーの熱風を当てて、釣り糸を曲げて形を整えます。

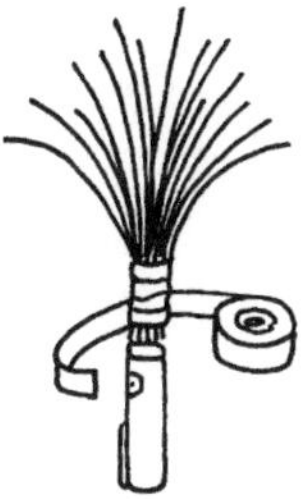

3 束の根元に、LEDライトをテープでしっかりと留めればできあがり。ライトをつけると釣り糸の端に小さな光の花が咲きます。

なんでそうなるの?

光は糸の端から入って反射を繰り返して進む

光ファイバーのしくみを使った工作です。本来、直進する性質がある光は、釣り糸の端から入って内部で反射を繰り返して進み、反対の端まで伝わるのです。

59

密閉空間に閉じ込めたのに踊り出す!?

風がなくても舞う紙の蝶

透明なパックをこすると、あら不思議。魔法をかけたようにチョウがひらひらと舞い始めます。花びらや雪景色などにしてみたり、色をつけてみたり、アレンジは無限大です！

材料

透明なパック
ストローの紙袋
台にする紙（パックより少し大きいと作りやすい）
ティッシュペーパー

道具

はさみ
ホチキス

つくりかた

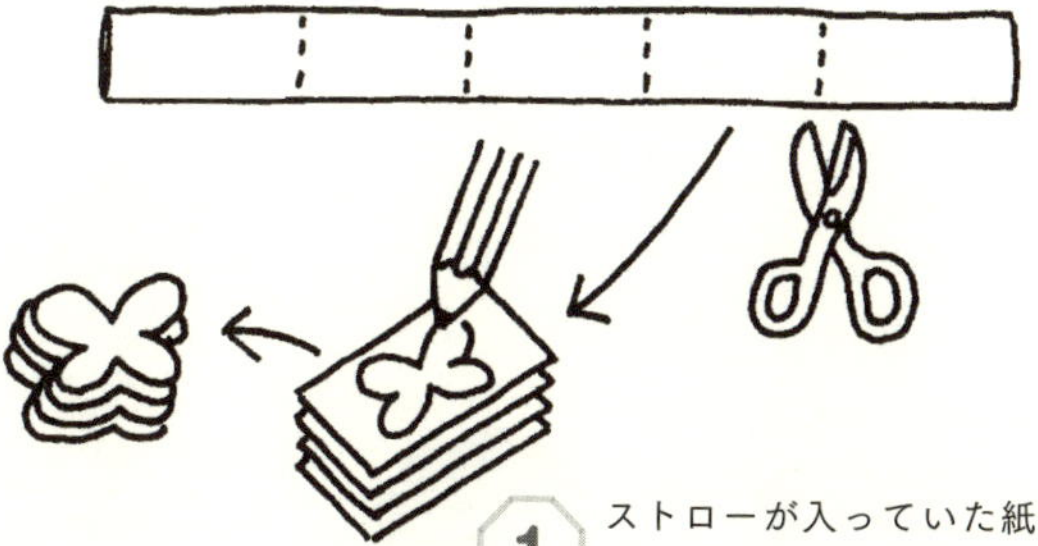

1 ストローが入っていた紙袋をチョウの形に切り抜きます。細かすぎて切りづらければ、縦半分に切り開いてから使います。

2 用意した紙に切り抜いたチョウを置いて、パックを重ねます。端をホチキスでとめればできあがり。ティッシュペーパーを丸めてパックの上をこすると、チョウがひらひら舞いだします。

なんでそうなるの?

チョウが動くのは静電気が引き合うから

ティッシュペーパーでこすると、パック自体がマイナス、中のチョウはプラスの静電気を持ちます。マイナスとプラスの静電気が引き合うことで、チョウがひらひら動くのです。

60

自分だけの投影機で部屋の中に星空が！

マイ・プラネタリウム

カップめんなどの容器を使って、ロマンチックなプラネタリウムを作ります。穴の大きさと明かりの強弱を工夫して、マイプラネタリウムを楽しみましょう！

材料

発泡スチロール製のおわん（カップめんの容器など大きめのものが作りやすい）
ライト（おわんにすっぽりはまる大きさのもの）
黒い折り紙
星座図

道具

黒のマジックペン、キリ、
はさみ、のり

つくりかた

1 おわんの外側に、黒のマジックペンで星座図を写します。

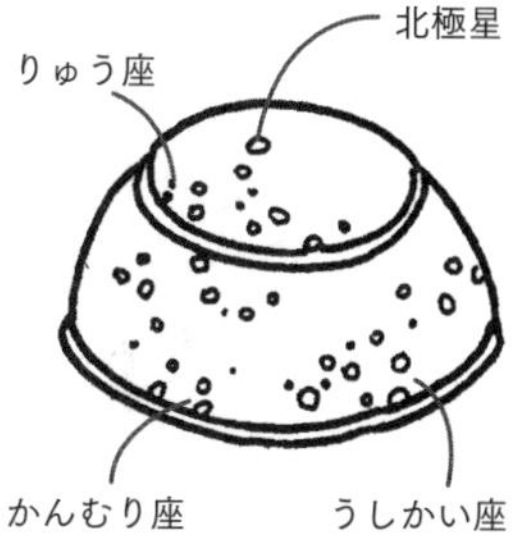

2 折り紙をおわんの内側にのりで貼りつけます。ライトの光を漏らさないために貼るので、紙が重なっても大丈夫です。

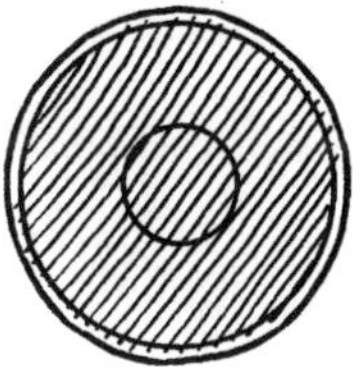

3 のりが乾いたら、おわんの外側からマジックペンで描いた星座にキリで穴を開けます。指を刺さないよう気をつけながら裏の紙までしっかり穴を開けてください。

4 部屋を暗くしてライトを点灯し、おわんをかぶせれば、星座が壁に映し出されます。

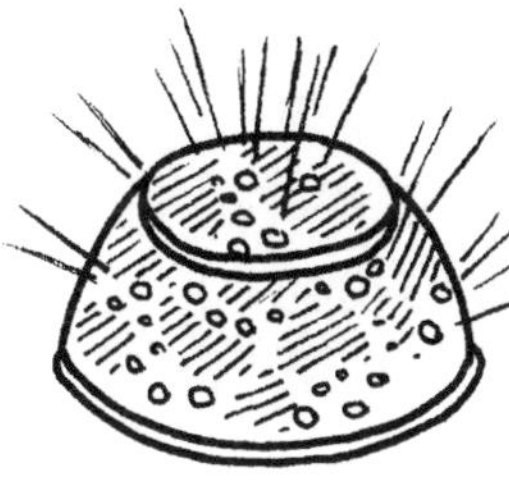

なんでそうなるの?

コツは空間の広さとバランス調整

小さな穴から光を透過させるピンホール式のプラネタリウムです。投影したい壁との距離や、空間の広さとのバランスを調整することがきれいに映し出すコツです。

61

腹ペコワニさん

エサを近づけると自然とパクパク口が動く

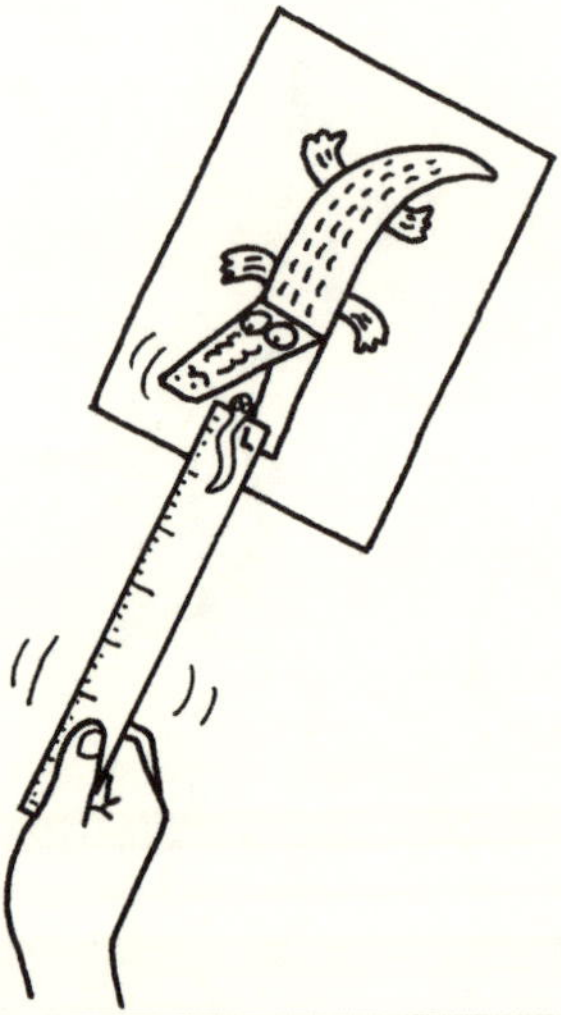

プラスチック定規の先にくっついたヘビを食べたそうに、ワニの口がパクパク動きます。見た目は簡単でかわいい工作ですが、その仕組みはじつはかなり科学的なのです。

材料

プラスチック定規
コピー用紙…2枚

道具

マジックペン
はさみ
化繊の布
のり

つくりかた

1 コピー用紙1枚に、ワニの体を描きます。

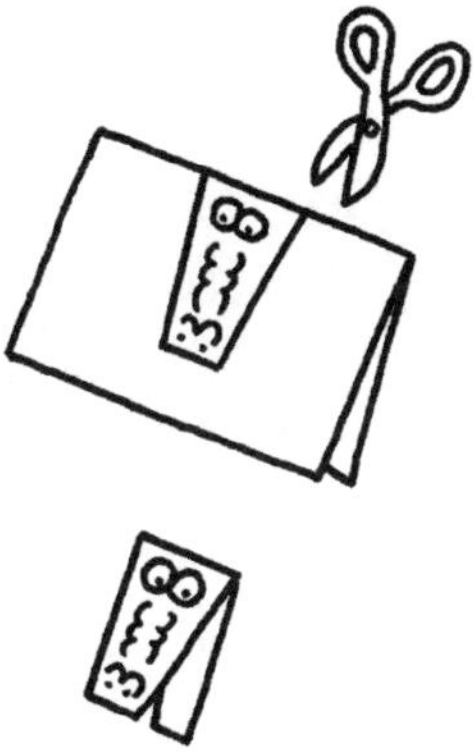

2 もう1枚のコピー用紙は半分に折り、ワニの頭を作って①に貼りつけます

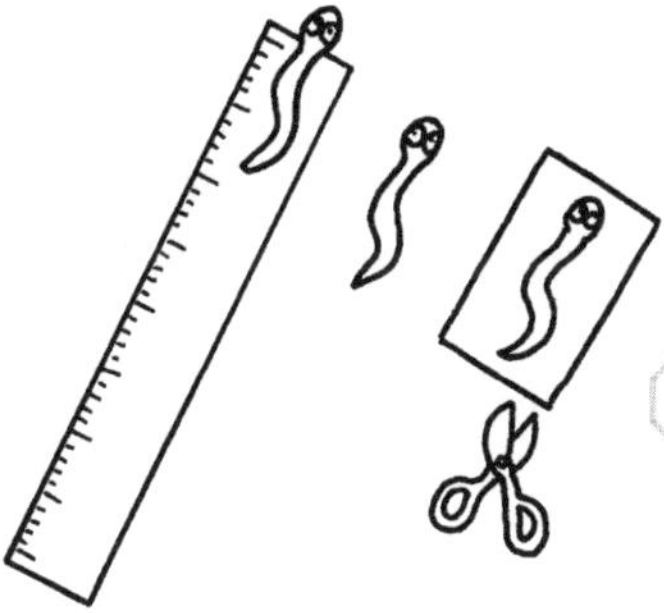

3 余った紙のスペースにヘビの絵を描いて切り抜き、定規の先に貼ります。

なんでそうなるの？

定規はマイナス、紙はプラスの静電気を持つ

プラスチックを布で何度もこすると静電気が起きますが、この静電気はマイナスの電気を帯びています。一方、紙はプラスの電気を帯びているので、マイナスの静電気を蓄えた定規とコピー用紙を近づけると、互いに引き寄せ合って口がパクパクと動くのです。

62

アウトドアにも大活躍！

ガチャガチャケースの懐中電灯

乾電池と豆電球があれば、懐中電灯が簡単に作れます。夏の夜の昆虫観察やキャンプにもピッタリ！

材料

豆電球
ソケット
ガチャガチャのカプセル（底に穴が開いているもの）
トイレットペーパーの芯
乾電池

道具

セロハンテープ
はさみ

つくりかた

1　豆電球をソケットにはめます。ガチャガチャのカプセルを開けて、小さな穴の開いているほうにソケットの導線を通し、もう一度カプセルをはめ合わせます。

2　トイレットペーパーの芯に1㎝程度の切れ込みを入れ、カプセルと組み合わせます。導線は芯の中を通して切れ込みにはめます。乾電池を芯の外側にセロハンテープで貼りつけます。

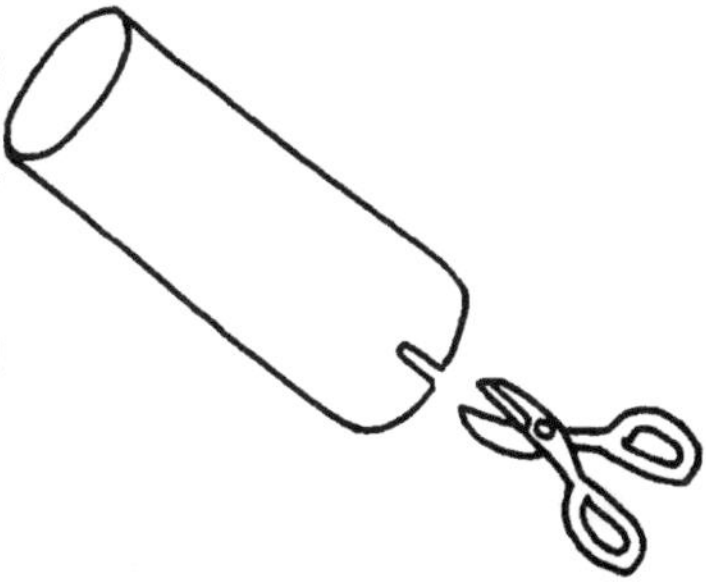

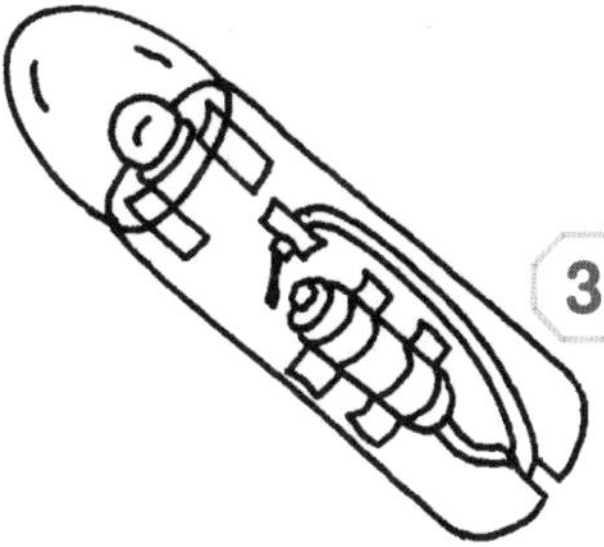

3　乾電池のマイナス極に片方の導線をセロハンテープで留めます。もう一方の導線を、乾電池のプラス極に留めると点灯します。

なんでそうなるの？

フィラメントに電気が流れると光が生まれる！

電球は、ガラス球の中のフィラメントに電気が流れると光を発します。流れる電気の量が多いほど明るさも増します。

63

お手製・静電気メーター

帯びている静電気の強さがわかる

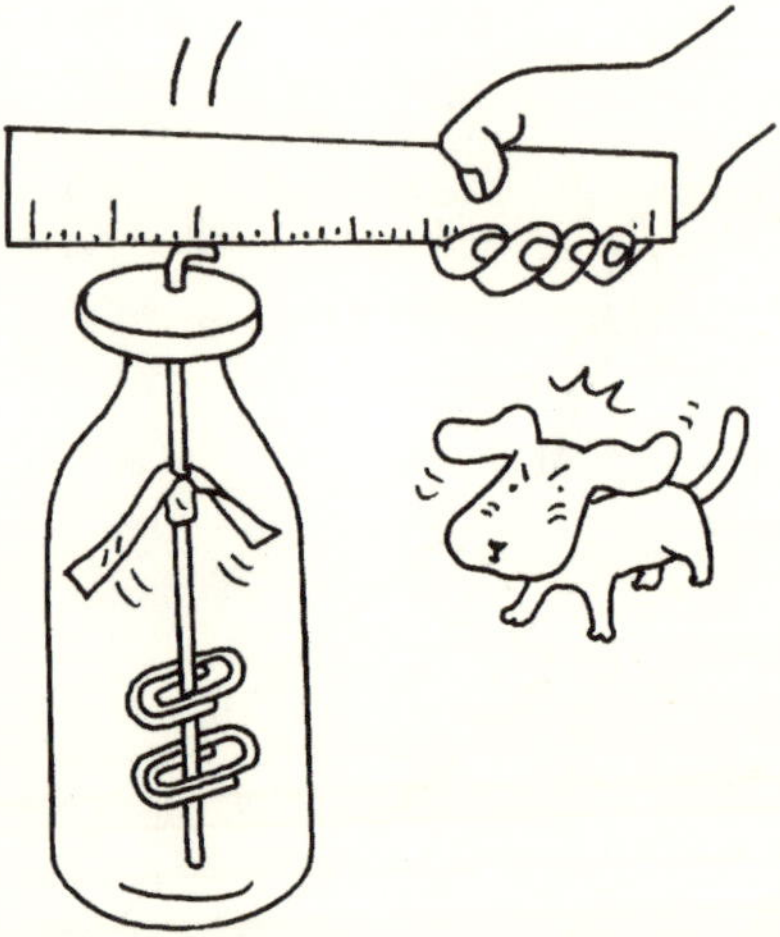

針金にアルミホイルをくっつけただけの装置なのに、プラスチックの下敷きや定規などをフタに近づけてみると、ペットボトルの中のアルミホイルのリボンが開いて反応します。

材料

金属製の広口ビンのフタ、
500㎖のペットボトル、
アルミホイル、太めの針金、ゼムクリップ

道具

キリ、はさみ、
セロハンテープ、
ペンチ、定規

つくりかた

1 広口ビンのフタにキリで穴を開け、針金を通して引っかけます。

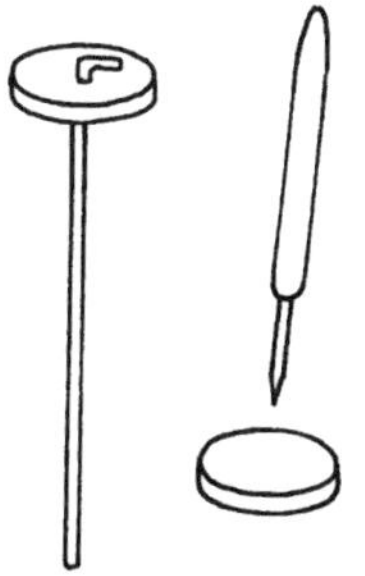

2 針金に細く切ったアルミホイルを通してセロハンテープで固定し、クリップを挟みます。

3 ②をペットボトルの中に差し込みます。

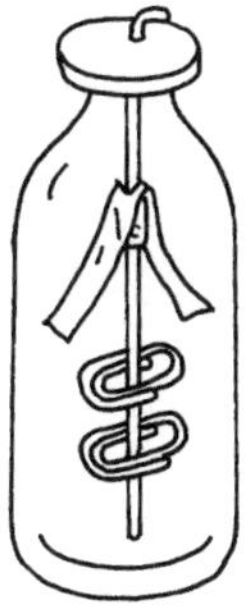

なんでそうなるの？

静電気が金属を通して力を伝えている

金属のフタにプラスチック定規など静電気を帯びたものを近づけると、定規の中に帯電していた静電気がこれらの金属を通り、アルミホイルに静電気の力が伝わります。アルミホイルのリボンには同じ極性の静電気が通っているので、反発し合って開くのです。

64

ピカピカ光って電球代わりに?

発光するシャープペンの芯

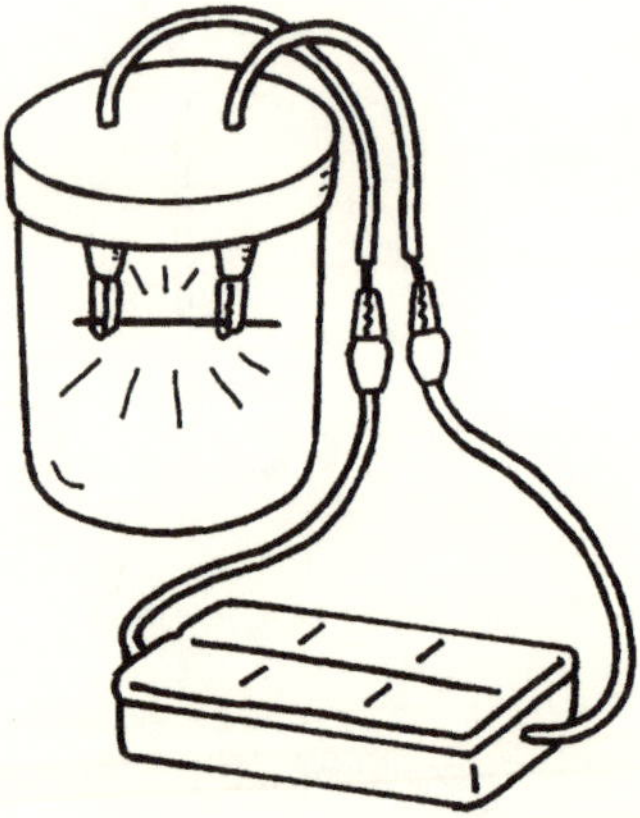

シャープペンの芯がビンの中で色を変えて光ります。シャープペンの芯の太さを変えて光の強さや時間を研究すれば、天才発明家のエジソンになれる!?

材料

空きビン(フタができるもの)
ミノムシクリップ(50㎝コード付き)…3本
シャープペンの芯(0.3～0.5㎜。濃さはB以上)
電池ホルダー
瞬間接着剤
単1電池…6個

道具

キリ
ニッパー

つくりかた

1 空きビンのフタにキリで穴を開けます。シャープペンの芯の長さより少し短い間隔で2カ所に開けます。

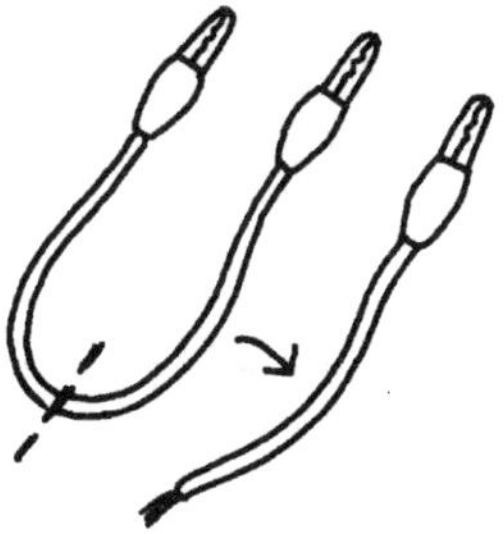

2 1本のミノムシクリップのコードを半分に切ります。切った端はコードを覆っている絶縁体を1㎝程度むいて、導線をねじり、フタの内側から穴に通します。

3 穴に通した2本のコードの端を、それぞれ1本ずつミノムシクリップで挟みます。フタの所につけたクリップにシャープペンの芯を挟みます。

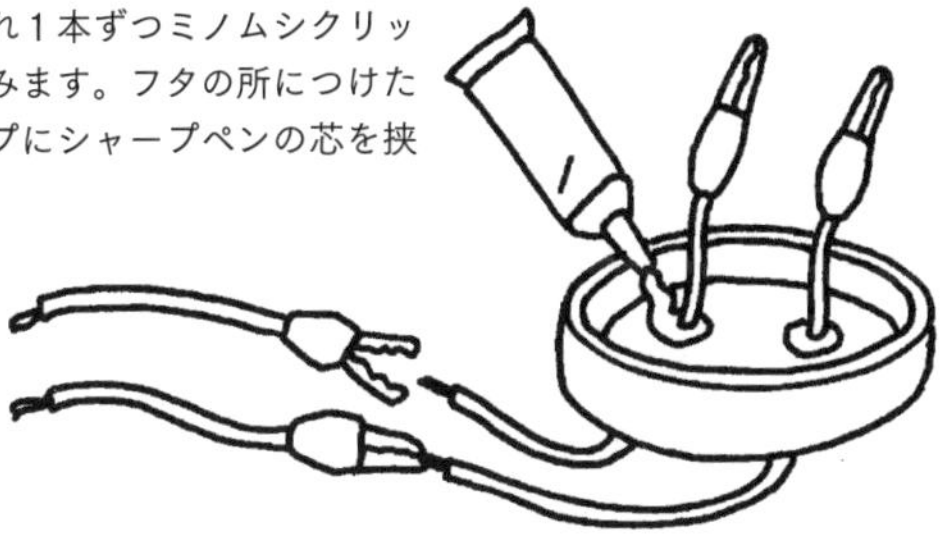

穴の隙間がなくなるように
瞬間接着剤で埋める。

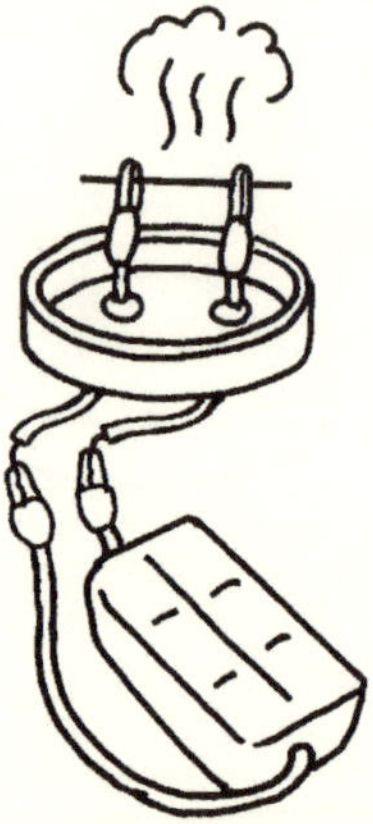

4 電池ホルダーに乾電池をセットして、プラス極とマイナス極それぞれにミノムシクリップをつなぎ、シャープペンの芯にいったん電気を通します。煙が出てきたら電池につないだクリップをはずします。こうすることで芯に含まれる不純物を取り除きます。

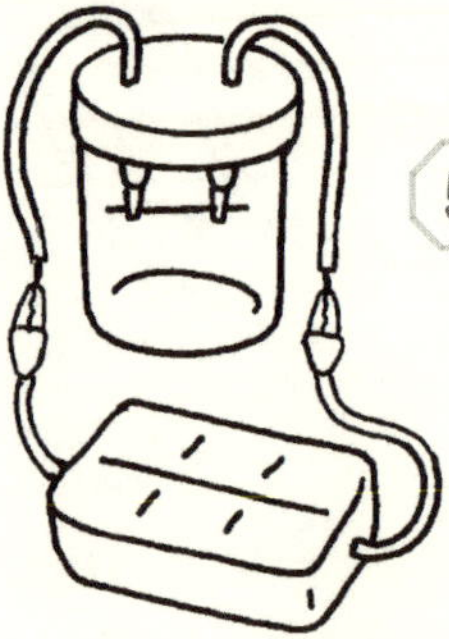

5 シャープペンの芯をつけたまま、フタをビンにしっかりとはめます。再び乾電池にクリップをつけて電気を流すと、徐々にシャープペンの芯が光り始めます。

なんでそうなるの?

フィラメントが発熱して光を放つ

電球が光るのは、電気抵抗によってフィラメントが発熱して光を放つためです。シャープペンの芯は炭素でできているため、フィラメントに適した素材なのです。

第7章

変幻自在な「水」の科学ショー

65

さかさまにしても水がこぼれない

魔法使いのコップ

水を入れたコップをひっくり返すと…あれ、水がこぼれません！　この不思議なコップを使えば、みんなが驚く科学マジックができます。

材料

プラスチックのコップ
ストッキングタイプの水切りネット

道具

両面テープ
ビニールテープ
下敷き

つくりかた

1 プラスチックのコップの外側のふちに、両面テープを1周巻きつけて、あらかじめ切っておいたネットをカップの口にかぶせて引っ張りながら貼りつけます。

2 両面テープからはみ出した部分は切り取り、さらに上からビニールテープを巻いてネットが見えないようにします。

3 コップに水をいっぱいに注ぎ、下敷きをかぶせてカップを傾けないように注意しながらひっくり返します。下敷きを静かに抜き取ってみると、水はこぼれません。
※試す時はお風呂場などで試しましょう。

なんでそうなるの？

表面張力のしわざでこぼれない！

水の表面張力を利用しています。ネットの細かい網目にある水の粒には縮もうとする表面張力が働き、さらに下からの空気圧で押されることでこぼれないのです。

66

暗闇の中で光り出す

発光スライム

ドロンとした手触りが気持ちいいスライム。引っ張ったりちぎったりと、いろいろな形にして楽しめます。洗濯のりや蓄光塗料を使えば、手作りのピカッと光るスライムができますよ！

材料

ほう砂…2g
洗濯のり（PVAが入っているもの）…50mℓ
水…50mℓ
蓄光塗料
プラスチックのコップ（使い捨てのもの）…2個

道具

わりばし

つくりかた

1 洗濯のり50mℓをプラスチックのコップに入れ、好きな色の蓄光塗料を加えてかき混ぜます。

2 もう1つのプラスチックのコップにほう砂2gを入れ、50mℓの水を加えてよく溶かします。ほう砂は口に入れると毒性があるので、口や目に入らないように注意しながら作りましょう。

3 ①の洗濯のりに②で作ったほう砂の液を少しずつ加え、わりばしでかき混ぜます。好みのネバネバの手触り感が出るまでこねましょう。さらに軟らかくしたい時には水を加えます。

4 電気を消して暗くして見ると、スライムがぼんやりと光ります。

なんでそうなるの？

PVAがほう砂と結びつくと水分が閉じ込められる

洗濯のりの成分にはPVA（ポリビニルアルコール）が含まれています。このPVAがほう砂と結びつくと、たくさんの水分を閉じ込めることができるようになります。そのため、固体と液体の中間のようなネバネバしたスライムを作ることができるのです。

67

特大シャボン玉製造機

誰でも失敗なしでどんどん膨らむ！

大きくふくらませるのがなかなか難しいシャボン玉。でも、この装置を使えばだれでも失敗なく特大のシャボン玉が作れます！

材料

ティッシュペーパー
紙コップ
ストロー
輪ゴム
シャボン玉液

道具

両面テープ
トレー
ボールペン

つくりかた

1 紙コップの側面に穴を開けてストローを刺し、4分の1に切ったティッシュペーパーを口にかぶせて輪ゴムで留めます。

2 ティッシュペーパーの中心に、ボールペンの先で小さな穴を開けます。

3 トレーにシャボン玉液を入れ、ティッシュペーパー部分を浸してストローから息を吹き込めば、大きなシャボン玉ができます。

なんでそうなるの?

吹き出し口にシャボン玉液が供給され続ける

ティッシュペーパーにシャボン玉液を染み込ませることで、吹き出し口に液が供給され続けます。それによって、大きなシャボン玉を作ることができるのです。

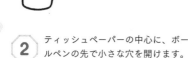

68

どんなに混ぜても元通り！

絶対に混ざらない水

どんなにかき混ぜても、きれいに分離する不思議な水です。ビー玉やプラスチックの飾りなど、重さの違うものを入れると、その様子がよくわかります。

材料

サラダ油
ペットボトル
食塩
ビー玉、発泡スチロールの玉、
　プラスチックの飾りなど

道具

ビニールテープ
コップ

つくりかた

1　コップに水を入れてプラスチックの飾りを浮かべてみます。沈む場合は、食塩を混ぜると浮きます。浮いたら飾りを取り出します。

2　ペットボトルに①の水と、サラダ油を半々ぐらいになるように入れます。

3　ビー玉やプラスチックの飾り、発泡スチロールの玉などを中に入れて、それぞれが水と油の層に浮いていることを確認したらペットボトルのフタを閉め、ビニールテープでしっかりと巻いて完成です。

なんでそうなるの?

食塩水は水より重い性質を利用

水と油は同じ体積でも重さが違うので、振っても時間がたてば必ず2層に分かれます。また、食塩水はただの水よりも重いため、水に浮かばないプラスチックでも塩を混ぜると浮き上がるのです。

69

浮《ふ》沈《ちん》子《し》

浮いたり沈んだり不思議な動き

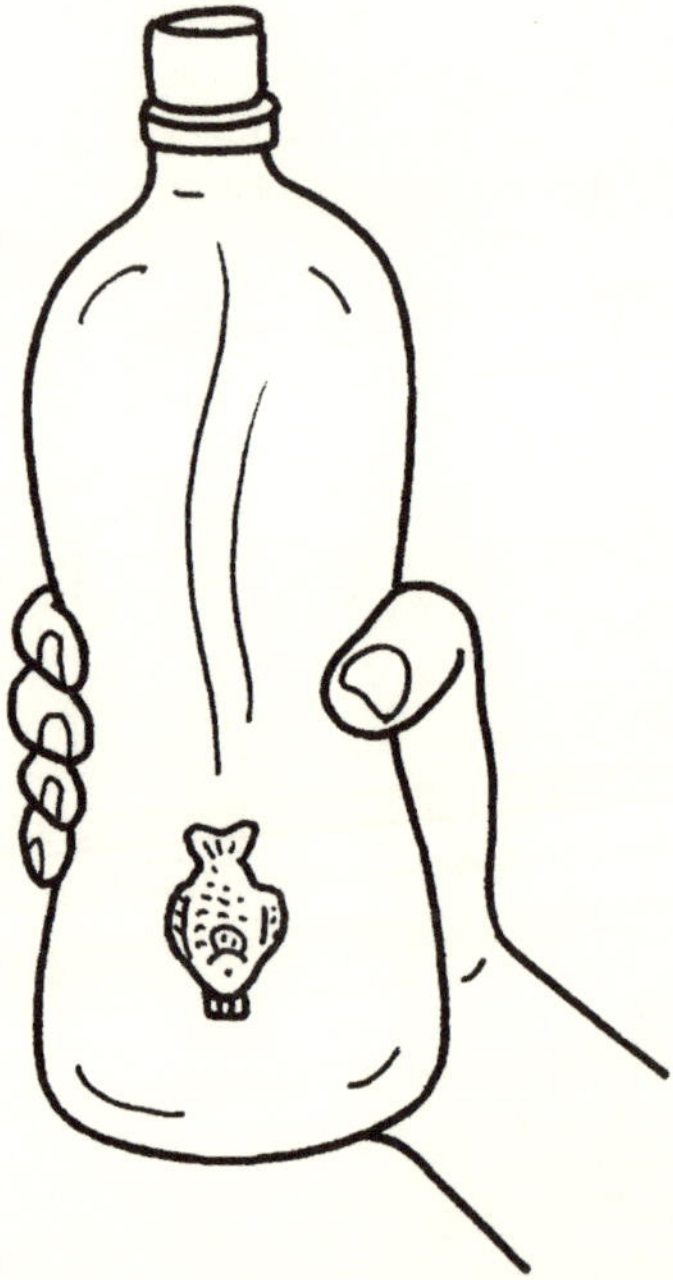

ペットボトルに浮かべたおもちゃが、握るだけで浮いたり沈んだり…。浮沈子にフックをつけてクリップを沈めれば、釣りゲームもできますよ。

材料

しょう油さしなどの小さな容器

ナット（しょう油さしの口に合うもの）

ペットボトル

コップ

つくりかた

1　しょう油さしのフタを取り、代わりにナットをはめます。これが浮沈子になります。

2　コップに水を入れて、浮沈子に水を吸い込みます。水に浮かべた時に、浮沈子が少し水面から出ているくらいに中に入れる水を調整します。

3　口いっぱいまで水を入れたペットボトルに浮沈子を入れて、フタをします。手でペットボトルをつかんだり離したりすると、浮沈子が浮き沈みします。

なんでそうなるの?

ペットボトルを押すと中に水が入る

空気は押されると体積が小さくなります。ペットボトルをつかむと浮沈子の中の空気が押されて体積が小さくなります。すると、浮沈子の中の水の割合が増えて重くなって沈むのです。

70

身近な液体の性質を調べられる

キッチンペーパーのリトマス紙

紫キャベツの煮汁に、キッチンペーパーを浸して作るハンドメイドのリトマス紙です。色の変化で、スポーツドリンクやレモン汁がアルカリ性か酸性かが簡単にわかりますよ！

材料

紫キャベツ、または赤シソ

道具

キッチンペーパー、
　またはコーヒーのペーパーフィルター
鍋
水
平たい皿、またはバット

つくりかた

1 刻んだ紫キャベツを、水を入れた鍋で色が出るまで煮ます。

2 紫キャベツを取り出し、残った煮汁を冷まして平たい皿やバットに移します。

3 煮汁にキッチンペーパーを浸して、乾燥させれば完成です。

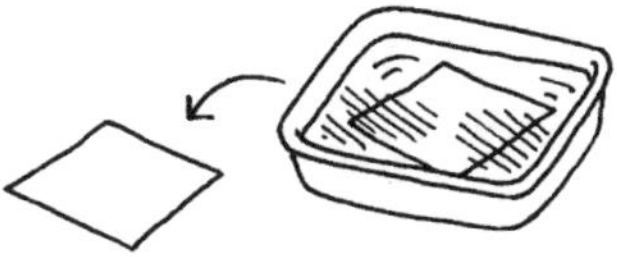

4 完成したリトマス紙を液体につけると、酸性の強いものから赤、ピンク、紫（中性）、緑、黄と変化します。

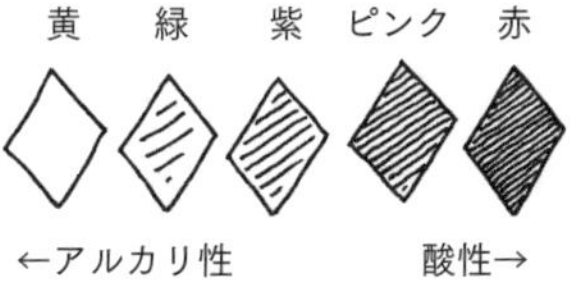

なんでそうなるの?

アントシアニンがpHに反応する!

液体の性質はpH（ペーハー）という単位で表します。水はpH7で中性、7より小さいと酸性に、大きいとアルカリ性になります。紫キャベツや赤シソには「アントシアニン」という成分が含まれ、このアントシアニンがpHに反応するのでリトマス紙が作れるのです。

71

キラキラを閉じ込めた

オリジナル・スノードーム

雑貨屋さんで人気のスノードームも、空きビンを使えばあっという間に完成！中身を工夫して、世界に１つだけの素敵なスノードームを作りましょう。

材料

空きビン（フタつきのもの）
スポンジ
好きな飾り
ラメやビーズなど
プラスチック用接着剤
液体のり

つくりかた

1　空きビンのフタの裏に、小さく切ったスポンジ、その上に人形などの飾りを乗せてそれぞれを接着剤で留めます。

2　しっかり乾いたら、水と液体のりを７：３で混ぜたものをビンに満たし、ラメやビーズを入れてフタをしっかりと閉めればできあがりです。

なんでそうなるの?

水に液体のりを混ぜることで粘度が増す!

水に液体のりを混ぜることで粘度が増して、中に入れたラメやビーズがゆっくり舞うように動くのです。

72

あら不思議…どうやって入れたの？

ビンから出せない松ぼっくり

大きな松ぼっくりが、小さな口のビンの中に入っています。いったい、どうやって中に入れたのでしょうか？

材料

松ぼっくり

適当な大きさのビン

道具

ボウル

つくりかた

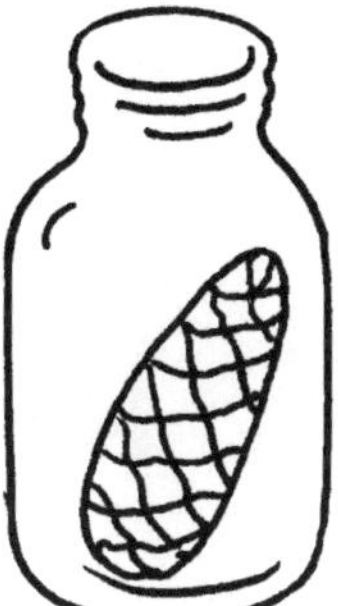

1 松ぼっくりをボウルに入れて水を注ぎます。しばらくそのままにして、松かさが閉じたらビンの中に入れます。

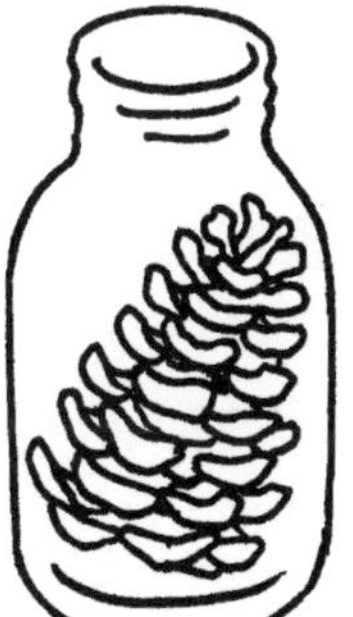

2 そのまま窓辺などに置いてしっかりと乾かします。すると松かさが開きます。

なんでそうなるの？

濡れると閉じて、乾くと開く

松ぼっくりの松かさは、濡れると閉じて、乾くとまた開く性質があります。ちなみに、雨の日に落ちている松ぼっくりは、閉じているものが多いですよ。

73

石けんキャンドル

パチパチ燃えるとシャボンの香り…

顔や体を洗うために使う石けんは、いつもは水と一緒に使うもの。そんな石けんに火がつくなんて不思議ですが、酢を加えて煮てみるとキャンドルになるんです！

材料

石けん
酢
タコ糸
型

道具

なべ、おろし金、
わりばし、キッチンペーパー

つくりかた

1 おろし金を使って石けんをすりおろします。なべに湯を沸かし、沸騰したらすりおろした石けんを入れましょう。石けんが溶けにくい場合はさらに熱湯を加えます。

2 石けんがすべて溶けたら、少しずつ酢を加えて、わりばしでよくかき混ぜます。

3 固まりができてきたらキッチンペーパーなどに取って、水分をよく絞ります。

4 水分を絞った固まりを再び火にかけて溶かし、タコ糸の芯を入れた型に流し込みます。固まったものを型から取り出せば完成です。火がつかない場合は、水分が残っているかもしれないので、数日、日陰で干して水分を飛ばしてみましょう。

なんでそうなるの？

酢のせいで界面活性作用が機能しなくなる!?

石鹸には界面活性作用という性質があります。ふつうなら混ざらない油と水が混ざって石鹸はできていますが、酢を加えるとこの界面活性作用が作用しなくなり、石鹸は油と水に分離します。この油分から出るロウに火をつけることができるのです。

74

玉ねぎとミョウバンでキレイに色づく

ハンカチの〝黄金〟染め

いつもは捨ててしまう玉ねぎの皮で、白いハンカチがきれいな黄金色に染まります。布を糸で縛れば、模様を染め抜くこともできるんです。

材料

玉ねぎの皮（染めたい布と同量になるように）
焼きミョウバン…1ℓの水に対して30gくらい
木綿の布
（ハンカチなど、薄手のものが染めやすい）
ビー玉やビーズ
木綿糸

道具

鍋
バット
わりばし

つくりかた

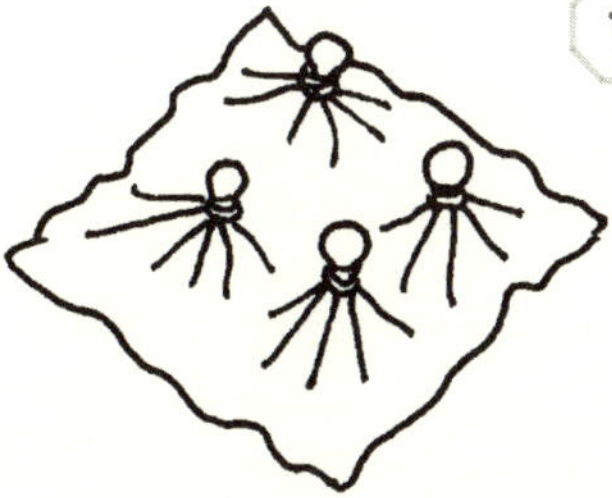

1 布に絞りを入れます。ビー玉やビーズに布をかぶせて、根元を木綿糸でグルグルに巻いてきつく結びます。糸で巻いた部分が白く染め残って模様になります。

2 鍋に玉ねぎの皮と水を入れて、濃い茶色の煮汁になるまで煮出します。

3 鍋に布を入れ、中火で20分くらい煮ます。布が浮いてくると染めムラができるので、わりばしで時々沈めます。

4 布が染まったら、取り出して水洗いしてバットに置きます。1ℓの水に焼きミョウバンを溶かした液を上から注いで、全体を浸します。すると、茶色だった布が黄金色に変わります。さらに、水洗いをしてから干して乾かします。

5 乾いたら絞りの糸を切って取り、アイロンをかけてできあがりです。

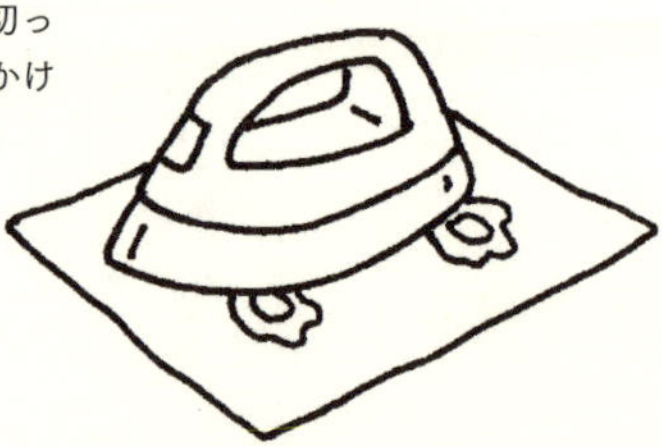

なんでそうなるの?

金属イオンが皮の色素と結びついて化学変化が起きる

染色では色を定着させるために媒《ばい》染剤《せんざい》を使います。玉ねぎ染めでは、媒染剤として使った焼きミョウバンの持つ金属イオンが玉ねぎの皮の色素と結びついて化学変化が起きます。その時、色の変化が起きるのです。

75

葉脈のしおり

自然が織りなす緻密な美しさ

葉っぱの葉脈は美しく張り巡らされたレース糸のようです。上手に取り出して、プレゼントにもピッタリのきれいなしおりを作りましょう！

材料

葉（ヒイラギ、きんもくせい、ツバキ、ナンテンなど
　葉脈がしっかりしたものが作りやすい）
重曹…20g
絵の具、画用紙
透明粘着フィルム

道具

ゴム手袋、歯ブラシ、ペーパータオル
ホウロウ製かステンレス製の鍋（アルミは不可）
わりばし
発泡スチロールの食品トレー

1 重曹20gを鍋に入れてコンロにかけ、弱火で5分くらい空煎りします。
①〜④の手作業はゴム手袋をして行います。

2 よく冷ましてから水200㎖を少しずつ加えて静かに混ぜます。溶液が手や衣服についたらすぐ洗い流しましょう。

3 葉を入れ、ガスコンロで中火で30分から1時間くらい火にかけます。葉が浮かないようにわりばしで沈めながら、時々そっと押しみて、葉肉がほろほろと取れるようになるまで煮ます。

4 十分に軟らかくなったら、食品トレーに取り出して水洗いしてからしばらくそのまま水に浸しておきます。

5 水を捨て、歯ブラシでそっと葉を叩いて葉肉を取り除きます。

6 食品トレーで絵の具を水に溶かして、葉脈を浸して色をつけます。

7 ペーパータオルに広げて乾かしてから、画用紙に乗せます。

8 透明粘着フィルムを葉脈の上からピッタリとかぶせてくっつければできあがりです。⑦で、画用紙に乗せずに両面からフィルムを貼ってもきれいです。

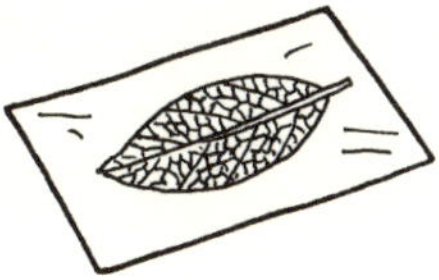

なんでそうなるの?

アルカリ性溶液が葉肉を溶かして繊維を残す

重曹は空煎りすると強アルカリ性の炭酸ナトリウムに変わります。強いアルカリ性の溶液はタンパク質を溶かす性質があるので、葉肉を溶かして繊維だけを残すのです。

76

世界にひとつの色を作れる

わたし絵具

私たちの身の回りは色であふれています。少し工夫すれば、いろいろなものからその色を取り出して、絵の具に変えることができます。

材料

色の粉（チョーク、空き缶、レンガなど）
プラスチックの皿
台所用液体洗剤
洗濯のり（PVAの表示があるもの）

道具

しょう油さしなどの小さな容器
紙ヤスリ
スプーン

つくりかた

1 チョークや空き缶などを紙ヤスリでこすって、色の粉を作ります。単色でも、混ぜてもいいので自由に作りましょう。

2 色の粉をスプーン1杯ほどプラスチックの皿に入れて、台所用液体洗剤をスプーン3分の1ほど加えてよく練ります。さらに、スプーン1杯の洗濯のりを加えて練ります。

3 しょう油さしにできたものを吸い上げれば、できあがりです。

なんでそうなるの?

色の粉を練ってコーティングする

色の粉を洗剤で練ると、粉の粒が洗剤でコーティングされます。すると、水にも油にもなじみやすくなります。これにPVA樹脂を混ぜることで、水に溶けやすく、樹脂の力で紙に定着する絵の具になるのです。

かんたん工作！

77

新聞紙をリサイクルした再生紙

もともと再生紙でできている新聞紙を、さらにリサイクルしてみましょう。手触りや強度など、どんな変化があるでしょうか？

材料

新聞紙
輪ゴム
食品トレー
（同じものを２枚）
ネット（流し台のゴミ受け用のネットなど）
500mℓのペットボトル容器
水
チューブのり
いろいろな色の糸
トイレットペーパー
木綿の布

道具

おろし金
カッター
ホチキス
洗面器かバット
下敷き
アイロン
マスク

つくりかた

❶新聞紙を丸めて輪ゴムで留め、おろし金でできるだけ細かくすりおろします。ほこりが出るので、マスクをして行いましょう。
❷食品トレーの底を２枚ともくり抜き、ネットを挟んでたるまないようにホチキスでとめます。
❸細かくおろした新聞紙を、ペットボトルに入れます。さらに、細かくちぎったトイレットペーパー、短く切った糸、チューブのりを３㎝程度、容器の３分の１程度の水を入れてフタをし、すべてが混ざってドロドロになるまでよく振ります。
❹ドロドロになった中身をバットの上に重ねたトレーのすき枠に平らになるように流し入れ、手のひらで押して水をよく切ってからはがし、下敷きの上に乗せて乾かします。
❺乾いたらヘラや下敷などを使ってはがし、新聞紙の上に乗せて布をかぶせます。その上から低温でアイロンをかければ完成です。

第8章

身近なもので世にも奇妙な「音」が鳴る

78

風船電話

4人で同時にひそひそ話

糸電話は2人でしか話せませんが、風船電話なら一度に何人もの人と話ができます。小さな声でも相手に声がよく届くので、秘密の相談話をするのにピッタリ!?

材料

長いゴム風船…2本

紙コップ…4個

道具

カッターナイフ

空気入れ

つくりかた

1 空気入れで風船を２本ふくらませます。

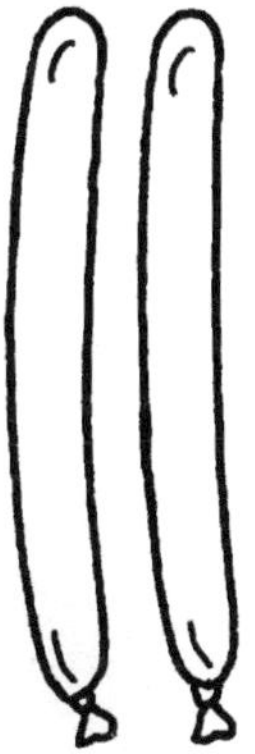

2 紙コップの底を十字に切り、風船の両端にねじ込みます。

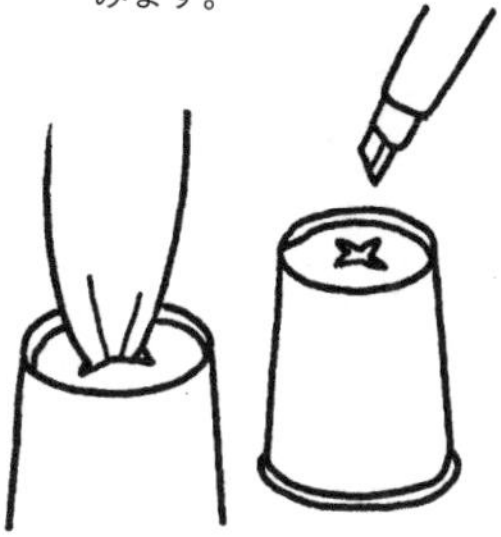

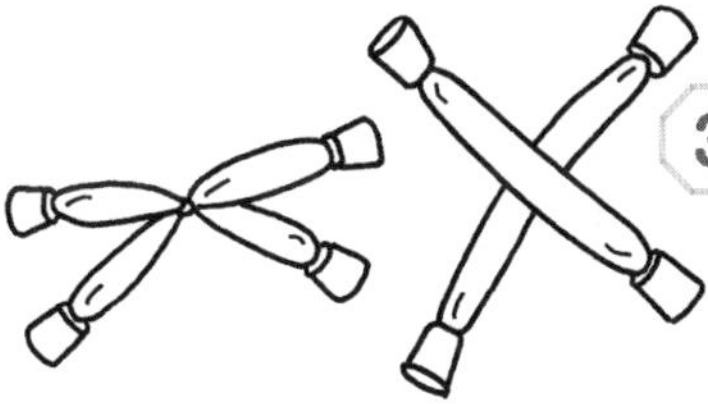

3 ２本の風船を真ん中で十字に合わせ、３回ねじります。

なんでそうなるの？

固体のものを伝わる音は弱まらない

音は空気の振動によって伝わりますが、空中では伝わり方が徐々に小さくなってしまいます。しかし、風船のゴム膜など固体のものを伝わる音は弱まることがないので、離れていても声がよく届くのです。話しながら風船に触ると、手で振動が確認できます。

79

なんだこの音は!?

エコーマシン

糸電話の糸の代わりに針金を使うと、手作りエコーマシンができます。いろいろな音の反響を楽しんでみてください。

材料

紙コップ…2個
針金
工作用紙

道具

ペンチ
セロハンテープ

つくりかた

1 適当な長さに切った針金を棒状のものに巻きつけてスプリング状にします。

2 スプリングの両端にセロハンテープで紙コップを留めます。

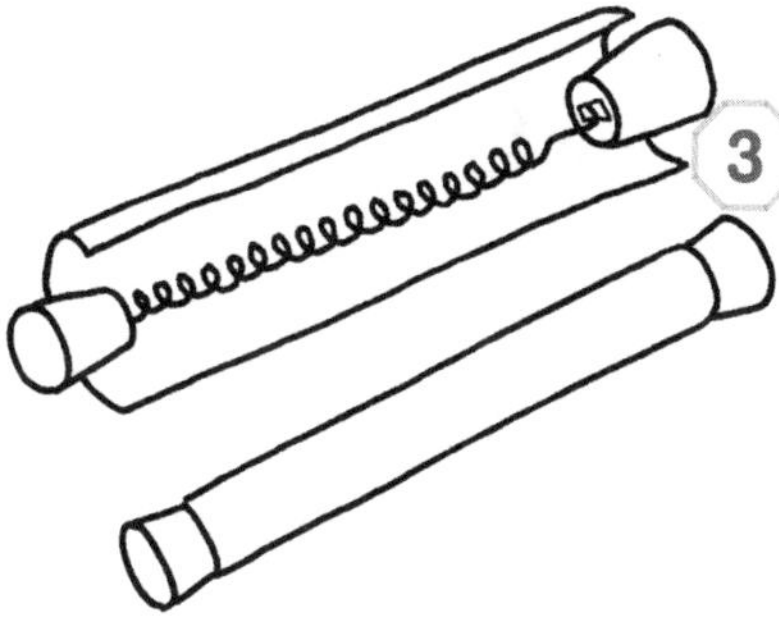

3 工作用紙で太い筒を作り、巻いて留めます。片側を壁や机に当てたり、糸電話のようにして遊ぶといろいろな音が楽しめますよ。

なんでそうなるの？

コップの中の振動がエコーになって聞こえる

音によってコップの底が震えて、スプリングに振動が伝わります。その振動がコップの間を行ったり来たりすることで、エコーが聞こえます。

80

ストローとマッチ棒が楽器に？

かんたんトロンボーン

なんと音階を自由自在に奏でることができるストロー笛です。２オクターブの音が出せるから、練習しだいでどんな曲も吹きこなすことができるようになる!?

材料

ストロー（直径6㎜）
綿棒（綿球が大きいタイプ）

道具

はさみ

つくりかた

1 ストローを10㎝の長さに切り、端から3㎝くらいのところに切れ込みを入れます。

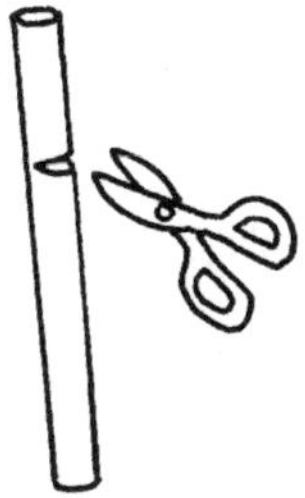

2 切れ込みを入れたところを折り曲げ、矢印の部分を平らにつぶします。

3 綿棒の綿球に十分に水を含ませ、ストローの下から差し入れます。

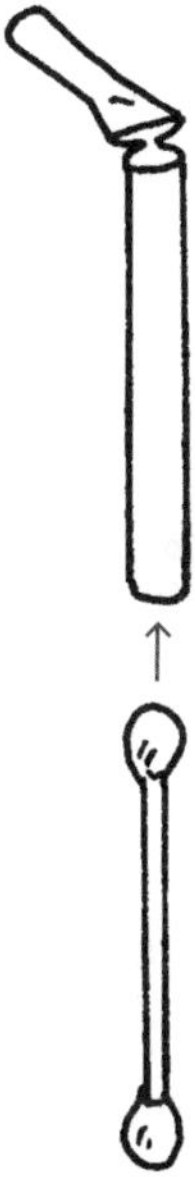

4 吹きながら綿棒を上下させると、トロンボーンのように音階が変わります。

なんでそうなるの？

管の中の空気を振動させて音を出す

トロンボーンやフルートなどの管楽器は、管の中の柱状の空気が振動することで音が出るしくみになっています。この管の長さが長ければ低音が出て、短くすると高音になるので曲を奏でることができるのです。

81

ペットボトルギター

輪ゴムの長さで音が変わる!

2ℓサイズのペットボトルを、ボディ代わりに使ってギターを作ります。ゴムを弾いて出した音が、ペットボトルの中でどのように響いて変化しているかを確かめてみましょう。

材料

2ℓ用ペットボトル

プッシュピン…6個

輪ゴム…3本

わりばし

道具

カッターナイフ

接着剤

つくりかた

1 ペットボトルの胴の部分をカッターナイフで丸く切り取ります。

2 フタと底の部分にプッシュピンを３つずつ刺します。

3 わりばしを８㎝くらいの長さにカットして、接着剤でペットボトルの首のつけ根あたりに貼りつけます。

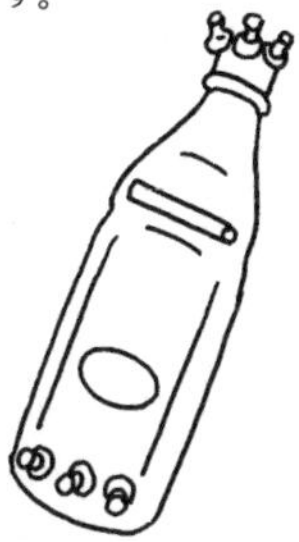

4 フタと底のプッシュピンに輪ゴムをひっかけます。

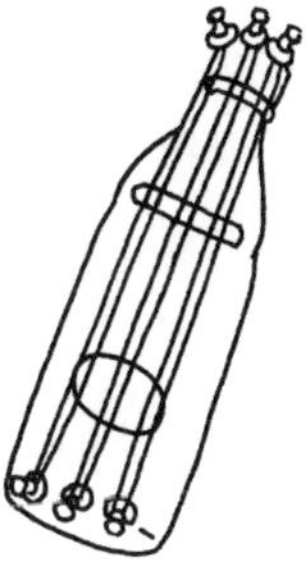

なんでそうなるの？

ペットボトル内の空洞で振動が共鳴している

ボディの空洞に共鳴して音が鳴るギターの原理を応用しています。このペットボトルギターも、ただピンと張ったゴムを弾いただけでは出せない音が鳴ります。ゴムを少し結んで長さを変えれば、また違った音が出るので確かめてみてください。

82

空き缶オカリナ

癒しの音が心地いい！

飲み干した缶の飲み口に唇を当てて、缶の中に息を吹き込んでみると空気が共振して「ブォ〜ッ」と音が鳴ります。これに音階をつけて、オカリナのような楽器を作ってみましょう。

材料

350㎖のアルミ缶

ストロー

道具

はさみ

セロハンテープ

画びょう

キリ

つくりかた

1 缶のタブと輪っかをはずし、飲み口の端を指で押さえてへこませます。
※指を切らないように注意しましょう。

2 10㎝くらいの長さに切ったストローを缶の飲み口の端に乗せ、ストローから息を吹き込んでみます。

3 音が鳴る位置が見つかったら、ストローをセロハンテープで固定します。

4 ストローの先が出ているほうに親指で押さえるための穴を１つ開け、残りの４つは押さえやすい位置に印をつけ、音階を確かめながら印をつけたところに穴を開けます。

穴を全部押さえた時に「ド」の音が出るようにする。

なんでそうなるの？

息を吹き込むと缶が共振して音が出る

オカリナは、一見笛のようですが、その形は筒ではなく壺のような形をしています。吹き込まれた空気の振動で、壺の中の空気が共振して音が出るのです。空き缶オカリナも同じ原理ですが、素材が違うので、やはり音色も違ったものになります。

83

さわやかな音階が鳴り響く！

備長炭でドレミ

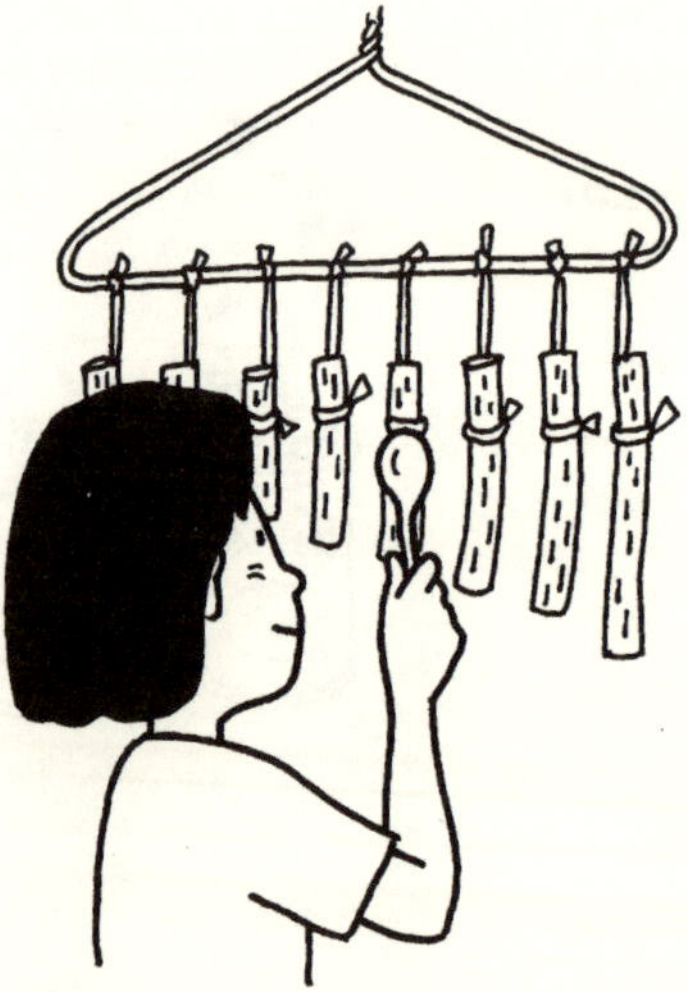

木を焼いて作られた炭なのに、まるで金属かガラスのように透明感のある音がする備長炭。その特性を生かして、木琴ならぬ“炭琴”を作ります。

材料

備長炭…8～10本程度

ひも

ハンガー

道具

ノコギリ

ヤスリ

はさみ

スプーン

つくりかた

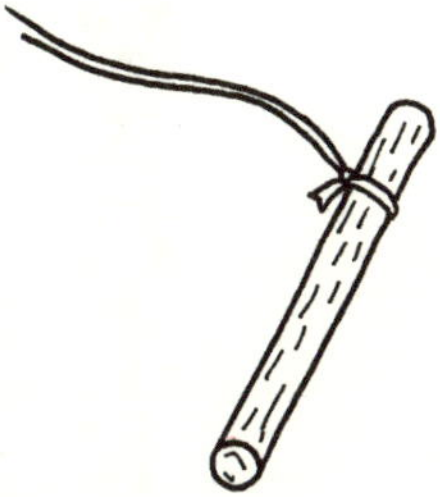

1 備長炭の長さの4分の1あたりに、ひもをくくりつけます。

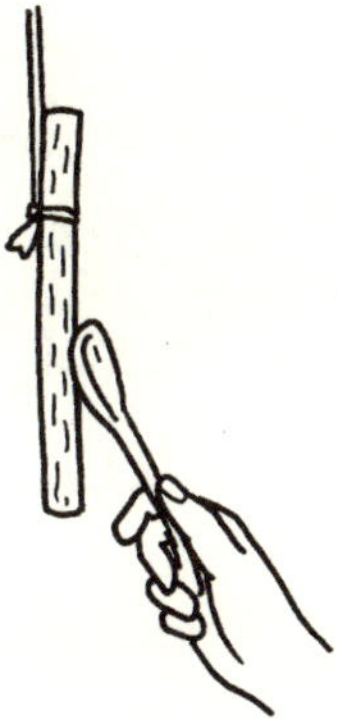

2 長い備長炭はノコギリでカットして、スプーンで叩いて音階を確かめます。

3 低い音が鳴るものから順にハンガーにぶら下げ、ヤスリで削って音程を微調整します。

なんでそうなるの?

振動数によって音の高低が決まる

叩いた時の振動で音を出すという原理は、木琴や鉄琴と同じです。太いものや長いものは低い振動数で振動し、逆に細いものや短いものは高い振動数で振動するので、音階を作ることができます。予算が許せば、高級な備長炭を使うと音色はより美しくなります。

84

超音波でワンちゃんを呼び寄せる

シェパードホイッスル

ニュージーランドなどで牧羊犬を呼び寄せるのに使われているのが犬笛です。最初は音を出すのが難しいかもしれませんが、練習するときれいな高音を出すことができます。

材料

プラ板(0.2㎜厚の透明タイプ)

道具

はさみ、パンチ
オーブントースター
アルミホイル
平らな板…2枚
接着剤

つくりかた

1 プラ板を図のような形にカットし、パンチで穴を開けます。

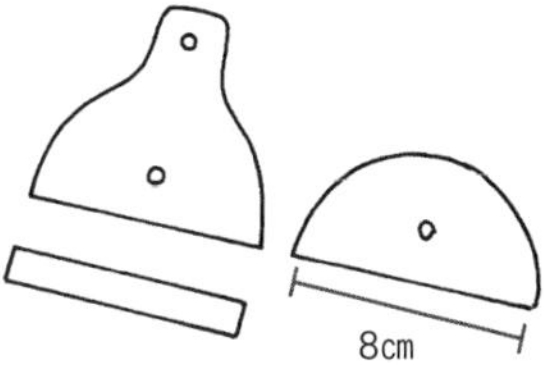

2 一度丸めて広げたアルミホイルにカットしたプラ板を乗せ、オーブントースターで縮むまで十分に熱します。

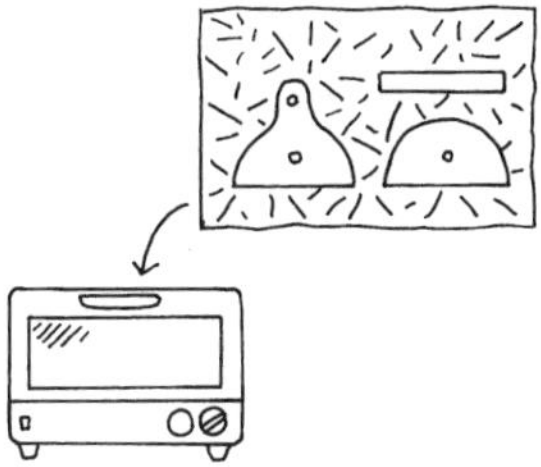

3 熱いうちに板で挟みます。

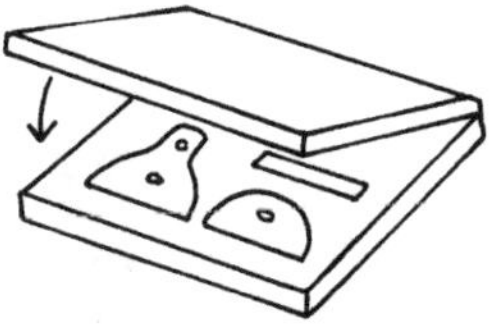

4 冷めたら接着剤でくっつけます。

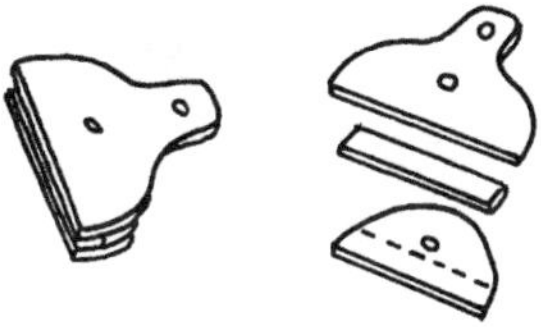

なんでそうなるの？

超音波で犬に合図している

貼り合わせた薄いプラ板に空気を送り込むことで、犬の耳に届きやすい超音波を出すことができます。プラ板を貼り合わせた層の部分に舌を当てて、唇で穴を完全にふさいでしまわないようにくわえるのが上手に鳴らせるようになるコツです。

85

心臓の音が「ドクドク」聞こえる

プリンカップの聴診器

病院の診察で使われているような聴診器をプリンのカップで作ります。腕時計の秒針の音や、心臓の鼓動など、ふだんは耳を近づけなければ聞こえない小さな音も拾えます。

材料

小さめのプリンカップ
ビニールチューブ（直径5～6㎜で
　硬めのもの）…50㎝
画用紙
ラップ

道具

キリ、プラスのドライバー
ビニールテープ、ボンド、
セロハンテープ、タオル

つくりかた

1 タオルの上にプリンカップを置き、底にキリで穴を開け、ドライバーで穴を広げます。

プラスチックくずはきれいに取り除きます。

2 2㎝幅に切った画用紙を何本か作ります。

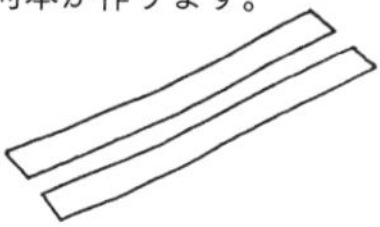

3 カップにチューブを通して、チューブの先に画用紙を何重にも巻きつけ、画用紙の断面を平らにしてボンドで底に貼ります。

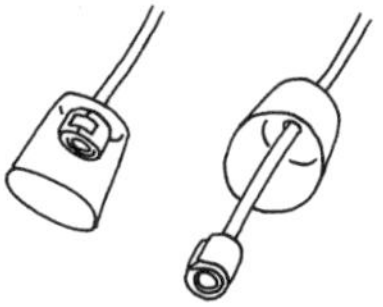

4 カップの外側のチューブにも同様に画用紙を巻きつけて、ボンドで底に貼りつけます。

5 もう一方のチューブの端にビニールテープを巻き、ちょうど耳の穴に入る太さにします。

6 ラップをピンと張って、プリンカップにフタをします。

なんでそうなるの?

振動がチューブを伝わって耳に届く

お医者さんが使っている聴診器は、胸や背中に当てる部分が振動板になっていて、そこでとらえた振動を耳に伝えています。プリンカップの聴診器の場合、ラップが振動板になるのでシワが寄らないようにピンと張ります。聴診器で大きな声や音を聞くと耳を痛めるのでやってはいけません。

86 使用済み油で作るキャンドル

料理に使ったあとの油を捨てないでリサイクル！
小さなビンに入れて固めるだけで、
素敵なキャンドルが作れますよ。

材料

使用済みの油
広口ビン
廃油処理剤
（固めるタイプ）
ティッシュペーパー

道具

割りばし
（割らずに使う）
おたま
フライパン

つくりかた

❶フライパンに油を入れて80度以上になるまで加熱し、火を止めて廃油処理剤を入れます。廃油処理剤が溶けたら、わりばしなどでよくかき混ぜます。
❷ティッシュペーパーを細く割いてこよりを作ります。これがキャンドルの芯になります。
❸わりばしにティッシュペーパーのこよりを挟んで、広口ビンの中央にセットします。
❹ビンに油を注ぎ、冷えて固まったらわりばしを外してできあがりです。

87 見るのも楽しいビーズ落下マシーン

カラフルなビーズを使って砂時計を作ってみよう！
3分間ならどれくらいのビーズが必要かな！？

材料

ビーズ、ペットボトル２本、時計、画用紙

道具

コンパス、テープ
はさみ、定規

88

自分で描くオリジナル・マスキングテープ

パソコンとプリンターを使って世界に1つだけのオリジナル・マスキングテープを作ってみよう!

材料

フリーカット
シール用紙
トイレットペーパーの芯を短く切ったもの

道具

パソコン、カメラ
はさみ

つくりかた

❶用紙に自分の好きな絵を描き、写真を撮ります。
❷撮った写真をパソコンに保存し、フリーカットシール用紙に印刷します。
❸トイレットペーパーの芯を好みの幅に切り、それに合わせて印刷したシール用紙を切り取ります。
❹芯にシール用紙をすべて巻きつければ完成です。

つくりかた

❶ペットボトルの口の長さを測り、コンパスで画用紙に同じ大きさの円を描いたら、その周りにさらに1㎝大きい円を描いて切り取ります。
❷内側の円まで切れ込みを入れたら、中心にビーズがスムーズに通れる穴を開けます。
❸ペットボトルにビーズを適量入れ、画用紙でフタをして仮留めします。
❹ペットボトルを逆さまにしてビーズが落ちる時間を計り、ちょうどよい時間を目安にビーズの量を調整します。
❺ビーズの量が決まったら穴の開いた画用紙をテープで留めて、ペットボトル同士をくっつければできあがりです。

参考文献

『つくってまなぼう！理科のマジック』（田中玄伯監修／教育画劇）、『キッチンとお風呂でできる！小学生のおもしろ科学実験』（甲谷保和／実業之日本社）、『新聞紙の実験』（立花愛子／田島董美・絵／さ・え・ら書房）、『サイエンスＥネットの親子でできる科学実験工作』（川村康文編著／かもがわ出版）、『理科好きの子どもを育てる 魔法の科学実験』（山村紳一郎／日本実業出版社）、『わくわく科学あそび』（小野操子と科学とあそびの会／連合出版）、『たのしい科学あそび―生物編―』（杉本悟、森田真樹子編／山崎種吉監修／東陽出版）、『おもしろ科学実験室』（小林卓二／さ・え・ら書房）、『きっずジャポニカ・セレクション　12才までにやってみよう発見いっぱいの理科実験』（山村紳一郎監修／小学館国語辞典編集部編／小学館）、『動く！ 光る！ 変化する！ 小学生の工作65』（ガリレオ工房 滝川洋二、白數哲久／永岡書店）、『みんなびっくり！でんじろう先生の超ウケる実験ルーム』（米村でんじろう監修／主婦と生活社）、『親子でたのしむ　ストロー工作』（有木昭久作／新開孝写真／福音館書店）、『親子で楽しむ　おもしろ科学実験館』（神崎夏子／塚本栄世編／日刊工業新聞社）、『ガリレオ工房の身近な道具で大実験　第３集』（滝川洋二、吉村利明編著／大月出版）、『ポリぶくろの実験』（立花愛子／永井泰子・絵／さ・え・ら書房）、『やさしいかがくの工作　②でんきのこうさく』（竹井史郎／小峰書店）、『なんでも実験試して発見８　くらしの中の科学にせまろう』（松原静郎／フレーベル館）、『サイエンスＥネットの親子でできる科学実験工作2』（川村康文編著／かもがわ出版）、『Newton ムック　科学館が教えるおもしろ自由研究』（ニュートンプレス）、『夏休みの自由研究３・４年生』（成美堂出版編集部編／成美堂出版）、『１００円グッズで遊ぶ・作る・実験するとっても楽しい科学の本』（千葉県教育研究会松戸支部理科部会／メイツ出版）、『きっずジャポニカ・セレクション　10才までにやってみようかんたんワクワク理科あそび』（山村紳一郎監修／小学館国語辞典編集部編／小学館）、『親子で楽しむ手作り科学おもちゃ』（緒方康重、立花愛子、佐々木伸／主婦と生活社）、『科学工作図鑑①、②、③』（立花愛子、佐々木伸／いかだ社）、『Newton ムック　大人も感激の科学の工作』（ニュートンプレス）、『ティッシュの実験』（立花愛子／さとう智子・絵／さ・え・ら書房）、「科学の裏ワザ大発見」（生活の知恵研究会、衆芸社）、「100 円雑貨完全ガイド」（晋遊舎）、ほか

ウェブサイト

キヤノン「光のじっけん室」、京都市青少年科学センター、学研サイエンスキッズ、簡単手作りおもちゃの作り方工作図鑑　ゆげ的北海道！、天文と科学のページ、キッズ @nifty、とっておきのハーブ生活、ほか

青春新書
PLAYBOOKS

人生を自由自在に活動《プレイ》する

人生の活動源として

いま要求される新しい気運は、最も現実的な生々しい時代に吐息する大衆の活力と活動源である。

文明はすべてを合理化し、自主的精神はますます衰退に瀕し、自由は奪われようとしている今日、プレイブックスに課せられた役割と必要は広く新鮮な願いとなろう。

いわゆる知識人にもとめる書物は数多く窺うまでもない。

本刊行は、在来の観念類型を打破し、謂わば現代生活の機能に即する潤滑油として、逞しい生命を吹込もうとするものである。

われわれの現状は、埃りと騒音に紛れ、雑踏に苛まれ、あくせく追われる仕事に、日々の不安は健全な精神生活を妨げる圧迫感となり、まさに現実はストレス症状を呈している。

プレイブックスは、それらすべてのうっ積を吹きとばし、自由闊達な活動力を培養し、勇気と自信を生みだす最も楽しいシリーズたらんことを、われわれは鋭意貫かんとするものである。

―創始者のことば―　小澤和一

編者紹介

おもしろ科学研究所〈おもしろかがくけんきゅうじょ〉

宇宙の不思議から生き物の神秘、そして最新テクノロジーまで、ありとあらゆる科学の不思議に精通する専門家集団。「文系脳でも“おもしろく”、子どもたちにも“分かりやすく”」をモットーとし、彼らの手にかかればどんなに重度の“理系アレルギー”持ちでも一転サイエンス好きに変わってしまう。本書では、その豊富な経験と知識量を活かして、子どもから大人まで思わず「なぜ？ どうして？」と目を見張る科学実験・工作のアイデアをまとめることに成功した。

子《こ》どもが驚《おどろ》く
すごい科学工作《かがくこうさく》88

青春新書 PLAYBOOKS

2015年8月15日　第1刷

編　者　おもしろ科学研究所《かがくけんきゅうじょ》

発行者　小澤源太郎

責任編集　株式会社プライム涌光

電話　編集部　03(3203)2850

発行所　東京都新宿区若松町12番1号 〒162-0056　株式会社青春出版社

電話　営業部　03(3207)1916　振替番号　00190-7-98602

印刷・図書印刷　製本・フォーネット社

ISBN978-4-413-21046-1